心機｜煮婦

速・簡・快

—— 廚房菜鳥偽裝大廚的 72 捷徑

作者序

PREFACE

我是從兒子上小學後才開始認真看待做菜這件事，上班族回到家要在短時間內上足四人份菜色，既要快速並兼顧營養，又要好看能勾人食欲，這些其實對廚房新手來說真的很困難。

前陣子有個電視廣告，賣什麼產品我們掠過不說，影片裡餐桌上滿滿繽紛豐盛菜色讓先生小孩樂開懷，一轉身從廚房裡走出披頭散髮、滿身油煙而狼狽不堪的媽媽，鏡頭再轉到誇張的像被炸彈轟過的廚房，兒子們每每看到這個橋段就笑到不能自已，指著我說「麻～你以前就是這樣耶」，雖然內心覺得他們很沒禮貌但卻是百口莫辯的事實哪（笑）～

當年手藝差勁的廚房菜鳥取巧從家人喜歡吃的食物開始入門，咖哩飯、番茄蛋炒飯、義大利麵、燉飯、牛排……，讓新鮮感先討好他們的脾胃，然後慢慢琢磨味道一點一滴成就美味。妝點一朵窗台上的薄荷在盤邊兒，用小缽小碟準備他們專屬的個人套餐，用圍著漂亮圖騰的缽盤盛裝讓菜色亮起來，這些只為引起他們對食物的興趣。這樣用盡心機磨磨練練多年，做菜彷彿已內化成為慣性與本能，然後我繼續學習化繁為簡讓做菜變得更輕鬆容易但卻豐盛不減。

餐桌上、廚房裡，這些煮婦小心機，不過是希望家人、朋友們吃得飽、吃得巧，吃得健健康康。

出書說實在既傷神又虐心（偷偷說我曾暗暗起誓再也不寫書），然而我的編輯大人提的企劃案竟讓我失守再度【撩落去】，畢竟那段有血有淚的廚房菜鳥歲月實在太深刻與心酸。

這本書裡記錄與分享我的料理經驗，希望幫助大家不需摸索而能快速進入料理世界，72道食譜不會是了不起的菜色，卻是自家餐桌反覆操作並深獲好評的，希望在你的日常、便當、甚至宴客時都能從書裡找到餐桌提案，讓廚房菜鳥不再蓬首垢面、手忙腳亂，72變華麗轉身成為優雅輕盈的家庭大廚。

如果書裡的照片、食譜能讓你們湧現【我也可以、我也想要自己做做看】的念頭，那麼我會感到無比的喜悅與榮幸（笑～）

料理是變化不止，並會讓人上癮而持續不斷的美妙事物，一起下廚吧～

芭娜娜

CONTENTS

食材的挑選
不能馬虎

　　一道菜的成功與否除了烹調技巧外，更重要的是食材的選擇，在地、當季盛產，新鮮質佳是我採買的基本原則，高價與品質絕不能畫上等號千萬不要迷信。我喜歡逛超市、傳統市場與食材面對面接觸（笑～），我喜歡多聽、多問與攤商培養情感，當然信譽良好的網購平台也是忙碌時的救火部隊。做料理所花的時間、精神、體力絕對比外食多很多，慎選食材，以輕鬆的心情滿懷愛意為家人、朋友做一頓溫暖人心的餐食，讓料理成為記憶中美好的一味是我樂此不疲的。

肉類

顏色紅潤、觸感有彈性，沒有異味。不要迷信溫體肉，所謂溫體肉是指未經冷藏的肉，但實際上卻因為沒有冷藏細菌最多。超市可購得電宰冷藏或冷凍肉品，傳統市場請選擇信譽佳，有冷藏櫃保鮮的攤商購買。

雞肉依飼養天數長短分為

肉雞：飼養時間最短，肉質軟嫩比較沒有口感，煎脆皮雞腿排時可選擇飼養時間較長的肉雞，成品皮脆多汁美味極了。
仿土雞：飼養期較肉雞長，是書裡我最常用的品種，炒、燉、煮、烤…適口感佳肉質有Q度卻不過硬。
土雞或放山雞：飼養時間最長，肉質韌度與Q度絕佳口感清甜，做白斬雞很棒，最適合長時間燉煮的料理。

海鮮

魚：全魚魚身要完整，魚眼明亮不混濁，魚鰓鮮紅沒有異味。如果分切成塊則要選擇沒有異味且肉質緊實有彈性。
蝦：蝦殼明亮有光澤，體型彎曲沒有異味。
透抽：急速冷凍處理，肉厚並有彈性，是我冰箱裡的常備食材。
蛤蜊：我喜歡在傳統市場購買已經吐好沙的蛤蜊方便料理，挑選無異味、兩顆互敲聲音扎實者。
海膽、鮭魚卵、明太子、帆立貝…等日本進口食材：百貨公司日系進口超市或信譽良好的進口商、網購平台。

蔬菜

葉菜類：葉片完整、顏色不泛黃、乾枯、沒有斑點。
生菜：無毒、無農藥、零污染、摘下來就可以直接生吃的水耕生菜。

根莖其他類

馬鈴薯：表皮完整，頭部不泛青色並且沒有出芽。
洋蔥：蔥膜完整、乾燥乾淨、蔥球頂端不內餡不長鬚根。
紅蘿蔔：形狀圓直、顏色鮮橘、表皮光滑、無鬚根。
白蘿蔔：直徑不要太大，握感沉重，用手指彈有輕脆聲表示實心且水分多。
蘑菇：顏色純白非死白或螢光白，菇體大小無所謂，菇面有微褐色是正常現象。
青椒：形狀完整沒有外傷，顏色鮮豔。
蛋：表面粗糙是新鮮的表現，在燈下透亮均勻。

我的採購地點

超　　市：Jason's、city super、美福、COSTCO、家樂福、全聯、頂好
傳統市場：晴光市場、士東市場
網購平台：美福、歐陸食材

一定要學起來的
基本調味技巧

鹽、胡椒、醬油、酒、糖是我做菜時最常用到的基本調味料，我暱稱它們為「廚房五寶」（笑）。

不久前好友說她覺得我用的調味料很單純，品項並不多，但做出來的料理還是很美味哪！是啊～其實只要食材夠新鮮本就不需過度調味，多看、多比較找出自己喜歡的產品，常常練習便能拿捏出最恰當的比例、琢磨出自己及家人最愛的風味。

鹹味是料理的靈魂，婆婆常說「食物不鹹就不會甜」，我覺得很有道理哪！恰到好處的鹹味能勾起食材的鮮與甜讓你忍不住讚嘆，過與不及之間全靠料理者口與舌適度嚐味來判斷，然後憑藉經驗調整出屬於自己風格的味道。

基本調味料只要抓準比例，並且搭配手邊不同的食材，就能做出多種菜色。異國風味產品也是增加料理變化的要素，適度善用與組合會讓料理更具變化、更加豐富。

由於各品牌的調味料風味質性不盡相同，所以在閱讀試做書裡食譜時請先抓八成的份量，並在試過味道之後方做最後調整。

最後要提醒大家盡量選擇沒有過多化學添加物的調味品，如此除了能展現你想傳達的好味道，更能體現你想好好照顧家人朋友的心意與愛意。

本書中材料的使用分量：
1 杯＝240ml ／ 1 大匙＝15ml ／ 1 小匙＝5ml

選對鍋具
成功了一半

　　另一半常對我廚房裡琳瑯滿目的鍋具產生疑惑與不解，鑄鐵鍋表面未經塗佈不能用清潔劑，有琺瑯塗佈表面可以用清潔劑，有大火空燒沒問題的，有先以油潤鍋並要中小火伺候的，有硬底子用鋼刷清洗沒問題，有嬌貴只能以軟海綿輕輕擦洗……，對擅長廚藝的他來說只要一咖中式深炒鍋其實萬事就 OK。

　　我卻因著對料理的好奇心而難以抗拒鍋具的魅力，工欲善其事必先利其器，如果能增加廚房的效率，更是我勇於也樂於多多嘗試的重要因素。

　　過去一年來因為兒子恢復便當生活，所以這本書裡記錄的食譜也隨之以亞洲風菜色居多，我歸納了一下，大約以下幾款鍋具便足以烹調書裡大部分菜色。

私心偏愛的鍋具品牌：LE CREUSET、STUAB、FLAMBO、KITCHEN AID 、LODGE、TURK、DE BUYER

中式炒鍋

書裡大部分亞洲風菜式都能用中式炒鍋完成，煎、煮、炒、炸、蒸，有這一咖萬事OK，近年來的心頭好是阿嬤牌鐵鍋。

平底鍋

深型平底鍋比淺型多用並且也較不噴油，料理後的清潔工作會相對輕鬆，不沾鍋輕巧、不鏽鋼導熱均勻、鑄鐵鍋好用但沉重，只要選擇自己用順手的都好不需太過拘泥。

燉鍋

書裡的燉煮料理大多使用 22～24 公分的鑄鐵鍋，並且一部分有琺瑯塗層、一部分沒有，湯汁多的用深型、湯汁少則使用淺型，鑄鐵鍋熱度均勻並能快速導熱，同時因為鍋體厚實保溫效果非常好，做起菜來不僅省時快速並能鎖住食材水分讓料理更美味，先煎炒後燉煮一鍋到底、取代烤盤直接進烤箱、搭配蒸籠使用更是方便絕妙。如果你使用的燉鍋為他種材質，請務必斟酌水量與烹煮時間。

中式炒鍋　　燉鍋　　平底鍋　　燉鍋

餐具與菜色的搭配
是一門功課

　　家裡的餐具器皿大部分收納在廚房櫃子裡，流理檯上方吊櫃擺著中式、和式、洋風等經常用來盛裝料理的圓形缽盤，後方吊櫃則是形狀不一各自美麗的陶、瓷器皿，下櫃整齊擺放或方或圓的鑄鐵烤盤、中島是飯碗、湯碗、深缽、小皿的天下，宴客用的大型器皿收藏在儲藏室，等待賓客來臨方能爭豔奪色。

　　我喜歡餐具，喜歡打開櫃子仔細端詳每一個的質地、姿態與神韻，瓷器細緻工整，有轉印花紙、有工匠手繪圖騰，一直是我熱愛的收藏，陶器樸拙溫潤令人愛不釋手，是近幾年愈發鍾情執著的。

　　餐具是料理的衣服，素一點的菜色用圍著花邊兒、有著漂亮顏色的，繽紛一點的菜色用白色或是形態特別的，不同材質、高低有致、色彩或對比或互補……只要料理時想像菜餚擺在上面會不會看起來更美味，反覆練習，然後就能憑著感覺一眼選中最適合你的那件。

擺盤素材與視覺好感度的大學問

我喜歡下廚做料理，當然也喜歡研究擺盤（笑）。

做菜的時候一邊思考著用哪個器皿盛裝，要如何擺盤才能讓享用的人感覺更美味也是一種樂趣。

我很少用菜餚以外多餘的素材來擺盤，設計菜單時會先想好配色與配菜，咖啡色的燉肉旁襯上幾株汆燙或清炒的綠色時蔬，顏色亮起來好吃度也瞬間加分，並且直接傳遞多吃蔬菜有益健康的概念，紅燒魚起鍋前投入蔥段增香添色，爆炒青菜加點辣椒絲讓好感度說服胃口，橙汁燒肉以橙瓣飾頂，糖醋排骨用三色彩椒爭妍鬥色……我認定「紅、綠、黃」是料理擺盤三原色，深信料理素材＝擺盤素材，不希望因擺盤造成資源浪費，誠懇而真實傳遞食物本身的美味是我擺盤的準則。

那麼具體說究竟要如何擺盤？我覺得集中、堆高與留白便足以詮釋，把器皿上的食物集中並堆高，讓食客焦距專注在形成的立體線條，周圍適度留白讓視覺留有餘，營造空間與空氣感有隨人想像的美。

MEAT
肉

Part 1

吸睛度一百分
優先必學肉料理

台式香滷肉

5 步驟換一鍋噴香涮嘴油亮的下飯主菜。

我問小弟：「明天晚餐想吃羊排還是滷肉？」，小少爺秒回「滷肉」，西菜嘴選擇台式口味顯示是他很【尬已】的菜色，芭娜娜的滷肉用料好單純，蒜頭、冰糖、米酒、醬油慢滷就得純粹好味道，發亮滷汁拌飯一級棒，五花肉皮 Q 肉軟好涮嘴，啟動滷肉模式煮婦自動就會多煮一些白飯呢！

材料

豬五花肉…900g
醬油…120ml
米酒…60ml
冰糖…1 大匙
蒜頭…4 瓣
蛋…10 顆
水…適量
（約 4 杯蓋過所有食材）
熱炒油…適量

作法

1 雞蛋（事先從冰箱取出回至室溫）放進鍋子注入冷水，以中火煮至沸騰後轉中小火續煮 10 分鐘，熄火後沖冷水降溫，剝除蛋殼備用。

2 鑄鐵鍋入 1 大匙油加熱，把五花肉放進鍋裡煎至上色油脂釋出，此時可以把多餘的油撈起留做炒菜用。

3 放進蒜頭拌炒一下，然後撒入冰糖翻炒至糖溶化。

4 倒入醬油燒滾一下，接著倒進米酒煮至沸騰，然後續煮至酒精揮發。

5 把水跟蛋加入煮滾後蓋上鍋蓋，以小火滷約 80 ～ 90 分鐘即完成。

Tips

1 沒有鑄鐵鍋的朋友可以用平底鍋（不需加油）把肉煎上色，然後把所有材料放進燉鍋燉煮，成品一樣美味喔！

2 最後可視狀況開蓋轉中大火收汁，待醬汁轉濃豬肉包裹上亮稠醬汁更添美味。

左宗棠雞

鹹香帶點酸甜，醬色輕鬆勾出你的食欲。

左宗棠雞據說原創為偏鹹不帶甜的湘菜系口味，
然留傳至今早已轉變為酸中帶甜的大眾化口感，
我做菜一向不特別追求傳統或正統，
只要能討好家人脾胃就已心滿意足。

材料

去骨去皮仿土雞腿肉…1 支	水…1 大匙	
醬油…2 大匙	蔥…2 支	
米酒…1 大匙	薑…1 段（約 15g）	
番茄醬…1 大匙	辣椒…隨喜酌加	
烏醋…1/2 大匙	蒜頭…1 瓣切片	
糖…1/2 大匙	耐熱蔬菜油…約 1 杯	
太白粉…1 小匙		

醃料

醬油…1 大匙
白胡椒…適量
太白粉…2 大匙

作法

1 雞腿切成適口大小，以醃料抓醃靜置約 30 分鐘入味。

2 起油鍋入雞丁以中大火炸至外酥內嫩後取出備用。

3 鍋內留約一大匙油拌炒香蔥、薑、蒜末，續入番茄醬炒香。

4 投入雞丁翻炒後倒入除烏醋以外的調味料炒勻。

5 從鍋邊淋下烏醋即可熄火起鍋。

百里香鹽
慢烤梅花豬與肉汁淋醬

熱炸天就該料理這一味，有請烤箱幫大忙！

炎夏溽暑誰都不想進廚房，
這時善用烤箱是煮婦的小心機，
用指尖搓揉出明媚香氣的百里香鹽來醃漬豬肉，
滿滿蔬菜釋放甜潤精華，
最後用鍋邊醬汁澆淋其上，
快速卻絕不粗糙並有畫龍點睛之妙，
這樣一盤四季皆宜、人人皆愛。

材料

梅花豬肉（前段為佳）…900g
洋蔥…1 顆
紅洋蔥…1 顆
紅蔥頭…100g
紅蘿蔔 2 顆
馬鈴薯…4 顆
蒜頭…5 瓣
橄欖油…4 ～ 5 大匙
海鹽…9g
黑胡椒…適量
百里香約…6g
雞高湯…1 杯
無鹽奶油…15g

作法

1 保留幾株完整的百里香，其餘的百里香去莖取葉切碎後與海鹽搓揉出香氣。

2 梅花豬肉洗淨擦乾水分用叉子在表面戳洞，均勻抹上百里香鹽後移至冰箱冷藏一夜。

3 烤箱預熱至攝氏 200 度，從冰箱取出豬肉回溫。

4 紅蔥頭對切、蒜頭去皮後輕壓，紅蘿蔔與馬鈴薯削皮後切大滾刀塊，洋蔥切成 6 塊。

5 把作法 4 的材料放進烤盤，淋上 3 ～ 4 大匙橄欖油、適量鹽（份量外）及黑胡椒拌勻，然後平鋪在烤盤並放上幾株百里香。

6 梅花豬肉抹上 1 大匙橄欖油後放在蔬菜上，送進烤箱烤約 40 分鐘，翻面續烤 20 分鐘。

7 取出豬肉包上鋁箔靜置。

8 把蔬菜攪拌一下續烤約 10 分鐘，或至整體變軟呈淡褐色後取出備用。

9 把雞高湯倒入烤盤中加熱至沸騰，用木匙刮下底部褐色精華，攪拌均勻並濃縮後以鹽跟黑胡椒調味，放進無鹽奶油拌勻後即熄火。

10 分切梅花豬襯上烤蔬菜並淋上肉汁。

★ ★ ★

京醬肉絲

醬色引人，香氣濃郁，絕品下飯、下酒菜！

油亮色澤、味道濃郁醇厚的京醬肉絲，
無論與白飯或夾餅都是絕配，
作法其實很簡單，
然而不諳刀工的我覺得最困難的部分是把青蔥切絲（笑）。

材料

小里肌肉…600g
青蔥…6 支
耐熱蔬菜油…1/2 杯

醃料

米酒…1.5 大匙
太白粉…1.5 大匙
醬油…2 大匙

調味料

甜麵醬…4 大匙
糖…2 小匙
米酒…1 大匙
味噌…1 小匙
麻油或香油…1/2 小匙

作法

1 小里肌肉切絲以醃料醃約 20 分鐘，青蔥切絲泡冰水去嗆味，瀝乾水分後鋪入盤中，把甜麵醬、味噌、米酒調勻備用。
2 起油鍋溫油將肉絲泡至顏色轉白後撈出備用。
3 原鍋留少許油倒入作法 1 的調味料炒勻。
4 續入糖炒至油亮濃稠
5 倒入過好油的肉絲拌炒。
6 整體翻拌均勻起鍋前拌入麻油或香油。
7 盛入鋪有青蔥的盤上，食用前攪拌一下。

Tips

甜麵醬先炒過能去除酸味僅留溫潤香醇的味道，加 1 小匙味噌師自阿基師令整體風味更為柔和。

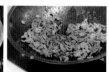

洋蔥燉雞

料理過程食客不斷催促快端上桌的消飯極品。

我常在想日後男孩們離家在外就學或工作，
如果問起最想念的媽媽味兒，洋蔥燉雞肯定能名列前三名。
太好吃了！如此簡單的食材卻能燉煮出豐厚滋味。
太香了！烹煮過程對料理人是種折磨，多想打開鍋蓋偷吃一口啊！

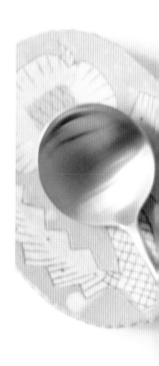

材料

去骨仿土雞腿…1 支
洋蔥…1 顆
薑…3 片
熱炒油…1 大匙
醬油…4 大匙
米酒…1 大匙
水…1 杯
黑胡椒…適量

作法

1 雞腿洗淨擦乾水分切成適口大小，洋蔥切丁備用。

2 起油鍋入雞丁煎香上色後把雞丁取出備用。

3 放進薑片煎香後續入洋蔥丁炒至香氣釋出微呈透明。

4 再次放進雞丁全體翻拌均勻後倒入醬油跟酒炒勻。

5 注入水煮至沸騰，蓋上鍋蓋轉小火燉煮 30 分鐘。

6 打開鍋蓋試試味道做最後調整，並轉入適量黑糊椒增香。

7 熄火盛盤上桌，趁熱享用。

脆皮雞腿排與蘑菇奶油白醬

來點高級享受，把飯廳變餐廳。

蘑菇奶油白醬

材料

蘑菇…1 盒
無鹽奶油…10g（炒蘑菇用）
中筋麵粉…25g
無鹽奶油…25g
鮮奶…500ml
乾燥月桂葉…2 片
鹽…適量
黑胡椒…適量

作法

1 蘑菇分切後乾鍋炒香，待釋出水分並收乾後放入 10g 奶油翻炒，以鹽跟黑胡椒調味後取出備用。

2 鍋內融化 25g 奶油後放進麵粉炒勻。

3 徐徐注入鮮奶並以打蛋器持續攪拌使不結塊，放進月桂葉並轉中小火濃縮醬汁。

4 加入蘑菇拌勻，試試味道，以鹽及黑胡椒最後調整即完成。

脆皮雞腿排

材料

去骨雞腿排…4 片
綠花椰…1 小顆
紅彩椒…1 顆
玉米筍…100g
鹽…適量
黑胡椒…適量
整顆肉荳蔻磨成粉…適量

作法

1 雞腿排擦乾水分，在肉厚處劃直刀後以鹽、黑胡椒、肉荳蔻調味。

2 彩椒洗淨切塊，綠花椰削去粗絲後與玉米筍入滾水氽燙約 2 分鐘瀝乾水分備用。

3 平底鍋加熱後雞皮朝下，轉小火慢煎約 8 分鐘。

4 確定形成脆皮後翻面續煎 1 ～ 2 分鐘至肉熟，取出靜置。

5 鍋內留適量雞油炒香蔬菜們，並以鹽及黑胡椒調味。

6 把雞腿排盛盤並襯上蔬菜，最後淋上蘑菇奶油白醬即完成。

迷迭香鹽烤梅花豬
佐紅酒黑胡椒醬汁

對，沒看錯，高級料理在家也能變出來，烤箱出馬就對了！

梅花豬肉用鹽漬一夜肉質緊密細緻很好入口，
煎烤之後皮酥酥肉 QQ 香香的，
頗有德國豬腳的口感，
搭配快速完成的鍋邊紅酒黑胡椒醬汁又多添一層風味，
簡單的美味，分享給愛做菜的朋友們。

材料

梅花豬肉…約 500g
鹽…1 小匙
迷迭香…2 枝
橄欖油…1 大匙
料理用棉繩…1 段

作法

1 梅花豬肉洗淨擦乾水分，以叉子在表面戳洞，然後抹上鹽並按摩均勻，放進冰箱冷藏一夜。
2 把豬肉從冰箱取出回到室溫，烤箱預熱至攝氏 190 度。
3 迷迭香去莖取葉切碎。
4 用紙巾把豬肉表面水分吸乾，抹上迷迭香碎並用棉繩綁好定型。
5 熱油鍋，把豬肉放進鍋中煎上色。
6 移入烤箱烤約 40 分鐘，用竹籤插入肉最厚處肉汁清澈不帶粉紅色，即可取出移到盤子上靜置讓肉汁回留。

紅酒醬汁

材料

紅蔥頭…5 顆　　　　　**黑胡椒至少**…1 小匙
洋蔥…半顆　　　　　　**鹽**…適量
紅酒…150ml　　　　　**奶油**…10g
水…150ml　　　　　　**橄欖油**…適量
雞高湯塊…1/4 塊

作法

1 紅蔥頭切片、洋蔥切丁。
2 原鍋放進紅蔥頭跟洋蔥炒香，此時可適量酌加橄欖油，倒入紅酒煮至湯汁幾乎收乾。
3 倒入水及雞湯塊煮至約原來的 1/3 量，試試味道，以黑胡椒及鹽調味。
4 拌入奶油並用濾網過濾後即完成紅酒醬汁。
5 剪開梅花肉的棉繩後切片，佐搭紅酒醬汁趁熱食用。

蘑菇燒雞

便當菜或家常菜都是重量級的主菜角色。

栗子盛產的季節在許多料理中均能見其入菜，
奇妙的是我們一家四口居然很有默契的不愛這個食材，
入秋時分我會取其形改用蘑菇來燒煮雞肉，
蘑菇與雞肉交融的香氣實在令人很難抗拒，
那麼就⋯⋯再來一碗白飯吧！

材料

去骨仿土雞腿⋯1 支　　　醬油⋯2 大匙
蘑菇⋯1 盒　　　　　　　蠔油⋯2 大匙
蒜頭⋯2 瓣　　　　　　　紹興酒⋯2 大匙
青蔥⋯2 支　　　　　　　糖⋯1/2 大匙
薑⋯6 片　　　　　　　　白胡椒⋯適量
熱炒油⋯1 大匙

作法

1 雞腿切成適口大小，蒜頭去皮，青蔥切段。
2 起油鍋把雞腿煎上色後撥至鍋邊，然後放入蒜頭、青蔥、薑片炒香。
3 續入蘑菇整體翻炒均勻。
4 加入糖炒至融化，然後倒入醬油與蠔油拌勻。
5 從鍋邊嗆入紹興酒煮至沸騰，蓋上鍋蓋轉小火燉煮 10 ～ 15 分鐘。
6 打開鍋蓋轉中大火燒至湯汁轉為濃稠並發亮。
7 以適量白胡椒調味後即可熄火盛盤。

日式壽喜燒

盡享食材的香醇好滋味，營養都在這一鍋。

一鍋配色極美、滋味厚重的壽喜燒確實能引人味蕾大開，
整顆番茄微酸微甜微鹹，好吃又有解膩之效是自己很喜歡的，
肉片以蛋黃蘸食滑口又美味，30 分鐘不到就能開動，
不用出門排隊在家就能暖暖吃。

材料

洋蔥⋯1 顆（切絲）
蒜苗⋯1 ～ 2 支（斜切片並把蒜白跟蒜綠分開）
雞蛋豆腐（或任何你喜歡的豆腐）⋯1 盒（切片）
高麗菜（或白菜）⋯1/4 顆（撕下葉子洗淨）
玉米⋯1 支（切段）
牛番茄⋯1 顆（蒂頭處輕劃十字刀痕）
香菇⋯數朵
金針菇⋯1 包
任何品質好的豬肉或牛肉片⋯隨喜酌量
燕餃或手工肉丸子⋯1 份
青江菜⋯300g

醬汁

醬油⋯120ml
味醂⋯90ml
清酒或米酒⋯60ml
水約⋯100ml
以上調勻備用。

作法

1 煮一鍋滾水放進玉米跟牛番茄，牛番茄煮約 1 分鐘取出沖冷水後去皮，玉米煮至顏色翻黃取出備用。

2 起油鍋把豆腐兩面煎上色後取出備用。

3 原鍋續入洋蔥絲炒至香氣釋出，然後把蒜白也加入炒香後熄火。

4 鍋子裡先鋪上高麗菜，然後把除了青江菜以外的食材一一鋪上。

5 淋下醬汁蓋上鍋蓋以中大火煮至鍋邊冒出蒸氣，然後轉中小火續煮至所有食材熟軟入味，熄火撒上蒜綠即可上桌。

Tips

壽喜燒的湯底要夠鹹才好吃，因為蔬菜也會出水，所以只要加少量的水幫助食材熟化，如果加太多水稀釋了湯底就失去它特有的風味了。

沙嗲雞肉串

鹹鹹甜甜不膩口，南洋料理上桌。

很喜歡沙嗲肉串特殊香氣以及鹹甜不膩的口感，
煮婦於是乎扮演起食驗家，
準備了東南亞料理常見的調味料自己調起沙嗲醬，
增增減減中總也試出自家風味的沙嗲醬，
道不道地不清楚，但就是我們愛吃的。

材料

去骨雞腿肉…2 片（約 500g）　　咖哩粉…1 小匙
魚露…2 大匙　　　　　　　　　椰糖…2 大匙
檸檬葉…4 片（切碎）　　　　　檸檬汁…1/2 大匙
南薑…1 小塊（切碎）　　　　　椰漿…5 大匙
香茅…1 支（切碎）　　　　　　花生醬…2 大匙
薑黃粉…1 小匙

作法

1 雞肉去皮後切成適口大小，以竹籤串起備用。
2 把所有醬料調勻後塗抹於雞肉上，放入冰箱至少醃漬 1 小時。
3 烤箱預熱至攝氏 190 度，雞肉從冰箱取出回到室溫。
4 烤盤架上烤網刷上少許食用油，放入雞肉串烤約 10 分鐘。
5 翻面續烤 10 分鐘至肉熟即完成。

味噌牛肉大根煮

蘿蔔甘甜，牛肉軟嫩咬勁留存，大人小孩都愛的消飯菜。

能讓不愛吃肉的另一半叨唸著還想吃的唯有這一道，
軟嫩仍保咬勁的牛肉有味噌的柔香、有蘿蔔的甘甜，
絲絲入味不死鹹完全擄人脾胃，蘿蔔燒的透光軟綿肉香盈溢，
不愛吃蘿蔔的小弟也多吃了好幾塊，
湯汁淋在白飯上很快就會被消滅吃光光喔～

材料

牛肋條…900g
大根（白蘿蔔）…1 條（約 600g）
蔥…2 支
薑…1 塊（約 30g）
味噌…4 大匙
醬油…3 大匙
砂糖…2 大匙
味醂…1 大匙
清酒…120ml
甜豆…1 把
水…1000ml

作法

1 牛肋條切成約 4～5 公分左右大小，汆燙後洗淨備用。

2 白蘿蔔削皮後輪切並修成圓角。

3 青蔥打結、薑輕拍，把味噌、醬油、砂糖、味醂跟清酒放進容器中調勻。

4 燉鍋中放進牛肋條、青蔥、薑，加水蓋過所有食材，以中大火煮至沸騰後轉小火燉煮約 30 分鐘，中途不時撈除浮沫。

5 加入白蘿蔔，倒入所有醬汁再次煮滾後蓋上鍋蓋，以小火繼續燉煮約 50 分鐘。

6 開蓋轉中大火煮至醬汁濃稠收汁，所有食材入味並且熟軟。

7 甜豆以鹽水煮熟與作法 5 一起盛盤上桌。

Tips
各品牌味噌鹹度不一，請自行酌量增減味噌份量。

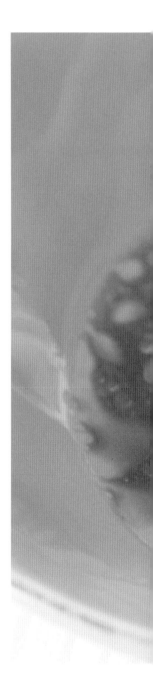

味噌蜂蜜烤牛肋

無油煙免顧爐火,超輕鬆的偽高手料理。

烤箱真是忙碌煮婦的好朋友,
前一天用偏日式的醬料把牛肋條醃漬好,
隔天輕輕鬆鬆就能烤出一盤宛若居酒屋的菜色,
懂得善用廚房道具,
人人都是料理高手。

材料

牛肋條…600g
味噌…2 大匙
醬油…1 大匙
米酒…1 大匙
蜂蜜…2 大匙
薑泥…1 大匙

作法

1 牛肋條洗淨擦乾水分以醃料抓醃後放進冰箱冷藏一夜(或至少 4 小時)。
2 料理前 30 分鐘先把牛肋條從冰箱取出回溫,烤箱預熱至攝氏 190 度。
3 把牛肋條表面醃料稍微刮掉,放入烤盤送進烤箱烤約 15 分鐘。
4 從烤箱取出靜置約 5 分鐘後分切成適口大小,食用前擠上少許檸檬汁、蘸食椒鹽更增添風味。

和風味噌肉醬

色澤淡雅食韻綿長，配什麼都合拍的極品好菜。

小哥即將出發歐洲十來天，
這人還沒踏出家門便已叨嚷著會想念家裡的飯菜，
做了他愛吃的肉醬，味噌調味鹹香甘潤日式風情，
拌著白飯就這麼扒搭扒搭兩碗下肚。
色澤貌似淡雅然而食韻綿長，可親的家常菜總是讓人百吃不厭，
無論麵、飯、青菜甚至冷豆腐加上一大匙口感立馬加乘，
夾麵包、捲壽司、墨西哥捲餅……你有多聰明它就能有多少變化。

材料

豬絞肉…600g
青蔥…2 支
蒜頭…2 瓣
薑泥…1 大匙
熱炒油…1 大匙

調味料

味噌…3 大匙
醬油…1 大匙
米酒…2 大匙
味醂…2 大匙
糖…1/2 小匙

作法

1 青蔥切末，蒜頭磨成泥，把所有調味料拌勻備用。
2 起油鍋，入絞肉半煎半炒至絞肉顏色轉白上色。
3 把絞肉撥至一邊，拌炒青蔥至釋出香氣，續入蒜泥、薑泥拌勻。
4 拌炒混合鍋內所有食材後倒入調味料攪拌均勻。
5 燒煮至略微收汁入味即可盛盤上桌。

東坡肉

肉質軟嫩，醬汁濃稠發亮，不餓也能誘出食欲的好滋味。

每次到上海菜館吃飯，
小弟都要點上一份東坡肉，
入口即化肥瘦相間的軟嫩肉質與濃稠發亮鹹甜醬汁，
無論配飯或夾餅都讓人胃口大開，
我喜歡用自己的手路做出家人愛吃的菜。

材料

五花肉⋯900g
醬油⋯120ml
紹興酒⋯60ml
冰糖⋯4 大匙
蒜頭⋯3 瓣

青蔥⋯4 支
水⋯適量（蓋過所有食材）
青江菜或綠花椰⋯適量
熱炒油⋯1 大匙

作法

1　五花肉冷凍 30 分鐘後切成方塊放入滾水汆燙 2 分鐘，洗淨後綁上料理用棉繩，青蔥整束打一個活結，蒜頭去皮備用。

2　燉鍋放入冰糖以中小火慢慢融化成焦糖色後入五花肉翻炒。

3　放入所有調味料、佐料跟水，以中大火煮至沸騰後轉中火燉半個小時。

4　蓋上鍋蓋轉小火續燉 1.5 小時。

5　燒滾一鍋水加入適量鹽巴，投入洗淨的青菜煮至顏色翻綠後撈起。

7　五花肉盛盤綴上綠色蔬菜，澆淋醬汁後即可上桌。

Tips

1　融化冰糖不要攪拌以免冰糖結晶化，必要時可慢慢轉動鍋子或以木匙攪拌以利融化。

2　冷卻後放入冰箱冷藏隔夜，食用前重新加熱會更軟嫩入味。

青椒蠔油牛肉

汁多脆口青椒搭軟嫩牛肉，天作之合的美味。

只要餐桌上了這道青椒蠔油牛肉，男孩必定「哇嗚～」的歡呼，
but 如果青椒可以省略就更好了（笑），青椒是爸爸媽媽愛吃的，
所以兩者分開不燴炒在一起是權衡方式，大家各取所需互不干擾。
快速拌炒的青椒多汁脆口跟軟嫩牛肉根本是天作之合，
搞不懂男孩們怎麼會不喜歡（搖頭）。

青椒…1 顆（切絲）　　醬油…1 大匙　　　　蠔油…2.5 大匙
牛肉（這裡用的是牛　　米酒 2 大匙　　　　水…2.5 大匙
小排）…約 500g　　　白胡椒…適量　　　　糖…1 小匙
蒜頭…1 瓣（切片）　　太白粉…1 大匙
熱炒油…半杯

作法

1 牛肉擦乾水分逆紋切成約 0.2 ～ 0.3cm 的厚度，以醃料醃約 30 分鐘。

2 起油鍋入 1 大匙油，放進青椒絲快速拌炒至顏色翻綠即盛起。

3 原鍋續入剩餘的油，溫油放進牛肉片先不要翻動，待肉色轉白後翻面續泡
　至肉色兩面皆轉白盛起備用。

4 炒鍋留約 1 大匙油炒香蒜片，把調味料倒入煮至滾起，然後把牛肉再度放
　進鍋裡快速翻拌均勻即完成。

Tips
牛肉可以選擇任何自己喜歡的部位，美味一樣不打折。

客家小炒

每家都該有的定番料理，快倒酒！

客家小炒是我家的定番料理，
常常出現在餐桌上也每每令人垂涎三尺速速被掃盤，
以前總是順手就做沒特別計量醬汁比例，但最近詢問作法的朋友好多，
所以芭娜娜認真的把醬汁比例量化，只要照著步驟做一定成功，
而且肯定也能成為你家的定番料理，因為實在太好吃哪～

材料

豬五花肉…300g	蒜苗…2 支	米酒…1 大匙
乾魷魚…1/2 條（預	芹菜…2 支	鹽…適量
先泡水約 3 小時）	辣椒…隨喜酌量	熱炒油…適量
豆乾…4 塊	醬油膏…3 大匙	
蒜頭…2 瓣	醬油…1 大匙	

作法

1 五花肉洗淨擦乾水分後切片，魷魚擦乾水分切條，豆乾、蒜頭切片，蒜苗
　斜切片後把蒜白跟蒜綠分開，芹菜切段，辣椒斜切片備用。

2 起油鍋把五花肉下鍋煸至焦香後取出。

3 續入豆乾撒一小撮鹽煸至焦香後取出，然後放進魷魚撒一小撮鹽也煸香取
　出備用。

4 鍋內留適量熱炒油下蒜頭炒香，接著把蒜白也放進來拌炒至香氣釋出。

5 依序放進辣椒、五花肉、豆乾、魷魚拌炒。

6 倒進醬油膏跟醬油全體燴炒均勻，然後從鍋邊嗆入米酒。

7 最後放入芹菜跟蒜綠拌勻，試試味道以鹽做最後調整。

TIPS

客家小炒好吃的祕訣在於每個食材都要經過煸香，最後大火爆炒下醬汁，才能拌炒
出無以倫比的美味。

泰式打拋雞肉末

雞肉登場,少了脂肪留住美味,不膩口吃得更安心。

喜歡吃打拋雞肉甚於豬肉,因為雞胸肉脂肪少吃起來比較不感膩口,
買不到打拋葉就直接以市售打拋醬取代,
添加泰式蠔油跟魚露是希望層次更為豐富,
會令人臣服在白飯前的菜色我則用生菜葉包著吃,無澱粉晚餐安全過關。

材料

雞絞肉…600g

蒜頭…2 瓣

紅蔥頭…4 顆

辣椒…1 根(或隨喜酌加)

泰式蠔油…2 大匙

魚露…1 大匙

打拋醬…3.5 大匙

九層塔滿手…1 把

小番茄約…12 顆

熱炒油…3 大匙

作法

1 蒜頭、紅蔥頭、辣椒切末,九層塔取葉洗淨後略切、小番茄對切。

2 把蠔油、魚露放進容器中調勻備用。

3 起油鍋,入絞肉半煎半炒至肉色轉白。

4 下蒜頭、紅蔥頭、辣椒炒香。

5 加進小番茄翻炒後續入打拋醬炒至香氣釋出。

6 把作法 2 的醬料倒入炒至約 9 分熟。

7 拌入九層塔碎即完成。

高校辣炒雞丁

複製出記憶中難忘的味道，與家人一起分享。

高校兩個字是我硬給加上的，大家可以省略不看（笑）。
高中時期學校附近自助餐店有一道我最愛的辣炒雞丁，
幾乎每餐必點哪～這幾年反覆操作終於複製了幾乎一模一樣的味道，
品嚐之際記憶也像回到那段白衣黑裙的青春少年時光，
深深覺得食物創造的記憶有時比任何影像更為清晰。

材料	醃肉調料	調味料
去骨仿土雞腿…1 支（切成適口大小）	醬油…1 大匙	辣豆瓣醬…1 大匙
青椒…1 顆（去籽後切成喜歡的大小）	米酒…1 大匙	醬油…1 大匙
蒜頭…1 顆（切末）	白胡椒…適量	糖…1 大匙
薑末約…1 小匙	太白粉…1 大匙	麻油…數滴
青蔥…1 支（切末）		烏醋…1 小匙
辣椒…1 支（斜切片）		米酒…1 大匙
熱炒油…1/2 杯		水…1 大匙
		太白粉…1/2 大匙

作法

1 雞肉以醃料略醃，把除了豆瓣醬之外的調味料調勻備用。
2 起油鍋，入青椒過油至顏色翻綠即起鍋，續入辣椒過油翻拌一下起鍋備用。
3 接著把雞丁放入泡油至肉色轉白後盛起備用。
4 原鍋留下適量的油炒香蔥、薑、蒜末，續入豆瓣醬翻炒。
5 倒入雞肉翻炒，接著把調勻的調味料倒入燒至醬汁轉濃稠。
6 最後把青椒跟辣椒倒入拌勻即可盛盤起鍋。

麻婆春雨

單吃很棒，搭配白飯更是有滋有味毫不違和。

粉絲在日本有個美麗的名字叫春雨，
我用麻婆的方式來烹調是希望化解男孩們不吃粉絲的執念，
鹹香絞肉與滑膩粉絲在口中咀嚼出香辣滋味，單吃很棒，
搭配白飯也是有滋有味毫不違和。
當初做這道菜可是抱著大不了自己吃完一大盤的壯士決心，
全盤掃空的結局讓人很滿意，
用男孩們喜歡的烹調方式成功拯救了原本他們不喜歡的食材，
煮婦心裡暗喜著自己的巧思。

材料

粉絲…2 個（約 60g）
絞肉…300g
青蔥…1 支
蒜頭…1 瓣
薑末約…1 小匙
水…1 杯
熱炒油…1 大匙

調味料

辣豆瓣醬…1.5 大匙
蠔油…1 大匙
醬油…1 大匙
米酒…1 大匙
糖…少許
白胡椒粉…適量
花椒粉…適量
辣油…1 小匙

作法

1 粉絲用水泡軟（至少 30 分鐘），瀝乾水分後用剪刀剪 2 ～ 3 刀，青蔥切末並把蔥綠跟蔥白分開，蒜頭切碎或壓成泥備用。
2 起油鍋，入絞肉以半煎半炒方式炒至肉色轉白。
3 入蔥薑蒜炒香。
4 續入豆瓣醬炒香，然後依序倒入蠔油、醬油炒勻。
5 沿鍋邊嗆入米酒，注入水以中火煮至沸騰。
6 投入粉絲翻拌炒勻，以白胡椒跟糖調味。
7 繼續煮至冬粉熟軟，約需 3 分鐘。
8 拌入適量花椒粉及辣油。
9 熄火撒上蔥綠即可上桌。

無敵夜市香雞排

自家香雞排,化學香料零添加,美味不減健康無損。

小弟愛吃士林夜市的炸雞排,
但宅男不想到夜市人擠人怎麼辦?
還好媽媽已經如他所願發展出事業第二春(笑),
自家香雞排無添加化學香料,美味不減卻健康多了,
偶爾食之絕對不會產生罪惡感。

材料

雞胸肉…2 片(約 600g)
木薯粉…1/2 杯
耐熱蔬菜油…適量

醃料

醬油…4 大匙
米酒…2 大匙
糖…1 大匙
蒜頭…2 瓣(磨泥)
青蔥…1 支(切段)
胡椒粉…1/4 匙
五香粉…1/4 小匙

作法

1 把每片雞胸肉分切成 2 片,每片以蝴蝶刀法片薄攤開,然後覆上一層烘焙紙或保鮮膜以搥肉棒拍至自己喜歡的厚度備用。

2 把所有醃料調勻,取一容器放進雞排並倒入醃料,按摩一下讓雞排吸收醃料,然後放進冰箱冷藏至少 1 小時。

3 把雞肉從冰箱取出回溫半小時,均勻沾裹上木薯粉後靜置 5 分鐘,待其反潮再炸後會更酥脆。

4 平底鍋倒入約 1 公分高的油加熱至中溫(約攝氏 180 度),把雞肉平放入鍋中單面炸至表皮酥脆後翻面續炸。

5 依序一片一片炸好,放在瀝油網上略為攤涼即可盛盤上桌。

TIPS

1 蝴蝶刀法就是從肉厚處先縱劃一刀,但不切斷雞肉,然後再以平刀把左右兩邊的雞肉片薄。

2 雞排可依個人喜好決定厚度,只要拍平到整片厚度幾乎一致就可以了。

3 此作法也適用於豬排。

番茄燉煮夾心肉

口感軟嫩滑口，Q 韌帶嚼勁，有個性的料理。

因為買不到梅花肉，所以聽從肉販老闆建議買了夾心肉，
夾心肉位於豬前腿上部，半肥半瘦較梅花肉硬筋也比較多，
我用番茄軟化肉質並用燉煮方式來料理，
整體口感有軟嫩滑口有 Q 韌帶嚼勁，感覺蠻有個性且有趣多了。

材料

豬夾心肉…900g
牛番茄…2 顆
洋蔥（中型）…2 顆
醬油…90ml
米酒…60ml
冰糖…1 大匙
乾燥月桂葉…3 片
黑胡椒粒…1 大匙
橄欖油…1 ～ 2 大匙

作法

1 夾心肉切成適口大小、牛番茄切大塊、洋蔥切粗絲，月桂葉跟黑胡椒粒放進濾茶袋裡備用。

2 鑄鐵鍋起油鍋把夾心肉煎至兩面上色焦香後取出備用。

3 原鍋放入洋蔥炒至香氣釋出後續入番茄炒軟。

4 放回夾心肉，依序倒入米酒、醬油、冰糖翻炒。

5 煮滾後放入濾茶袋，蓋上鍋蓋以最小火燉煮40 分鐘。

6 打開鍋蓋轉中大火續煮 10 ～ 15 分鐘至醬汁轉稠。

7 取出濾茶袋即可盛盤上桌。

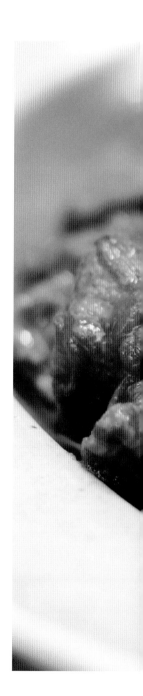

★ ★ ★

葡萄燴煮松阪豬

水果入菜意外的合拍，中菜西吃的美妙趣味。

葡萄有著清新清爽的口感是我很喜歡的水果，
偶然看見有人拿來入菜便覺心癢癢，
非得自己試上一試不可，
醬汁比例經幾番調整後跟 Q 潤脆的松阪豬很合拍，
視覺上則有著中菜西吃的趣味。

材料

松阪豬肉…2 片（約 600g）
醬油…4 大匙
米酒…2 大匙
糖…1/2 大匙
無籽綠葡萄…100g
水…3 大匙
橄欖油…1 大匙
生菜葉…適量

作法

1 松阪豬洗淨擦乾水分每片約片薄成 4 片，把醬油、米酒、水、糖調勻，綠葡萄切碎或搗碎備用。

2 以橄欖油起油鍋入松阪豬煎至兩面上色。

3 把作法 1 的醬料倒入鍋內以小火熬煮約 3 分鐘。

4 轉大火煮至醬汁濃稠後倒進葡萄碎燴煮入味即可起鍋。

5 分切後盛盤點綴數顆葡萄（份量外）、襯上生菜葉即完成。

腐乳烤雞翅

吃一口就停不了，吮指回味無窮的新食驗。

腐乳除了當成醬菜搭配稀飯外，
其實用來入菜滋味也不賴，
鹹、香、甘、潤調成醬料醃漬雞翅，
說不出的隱味好特別，
很難不令人吮指回味哪～

材料

雞二節翅…14 支（約 550g）
蜂蜜…1 大匙

醃料

腐乳…2 塊約 20g
腐乳汁…1 大匙
醬油…2 小匙
糖…2 小匙
酒…1 大匙
蒜頭…1 瓣（磨成泥）

作法

1 雞翅洗淨擦乾水分，把所有醃料調勻。
2 雞翅淋上醃料按摩均勻後放進冰箱冷藏醃漬至少 1 小時。
3 烤箱預熱至攝氏 180 度，把雞翅從冰箱取出回到室溫（約半小時）
4 烤盤鋪上烘焙紙擺上雞翅送進烤箱烤 10 分鐘。
5 薄刷上一層蜂蜜再烤約 5 分鐘至上色肉熟後即完成。

蜜汁香烤雞腿排

小朋友也能自己動手，成就感一百分料理。

為了滿足小朋友到家裡來做菜的願望，
我設計了這個簡單又好好吃的食譜，
看他們興奮的調醬汁、塗抹，蹲在烤箱前觀察雞肉的熟成，
專注的模樣實在可愛哪～成品又香又嫩又多汁，
搭配生菜吃有著煮婦希望營養均衡的思考，
全部吃光光是最捧場的反饋（笑）。

材料

去骨雞腿排…4 片（約 800g） 　鹽…1 小匙
蒜頭…2 瓣 　黑胡椒…適量
醬油…1.5 大匙 　生菜…適量
蜂蜜…1.5 大匙 　檸檬…半顆

作法

1 雞腿排洗淨擦乾水分以鹽調味後靜置 5 分鐘入味。

2 烤箱預熱至攝氏 180 度。

3 蒜頭磨成泥，取一容器放進醬油、蜂蜜、蒜泥拌勻，把雞排放進來均勻沾裹上醬汁後醃約 20 分鐘。

4 雞皮向上放進烤盤後移至烤箱烤約 15 分鐘至肉熟後取出。

5 擺盤後襯上生菜葉、檸檬角就可上桌，食用前擠上少許檸檬汁更美味。

橙汁醬燒梅花豬

賣相美口感多層次，色澤閃亮誘人的佳餚。

我喜歡吃水果，也愛用水果入菜，
尤其是台灣在地當季的水果，
宜景宜情適材適用總是讓食物味道棒極了，
這道橙汁醬燒梅花豬我用了梅花豬肉前段醬燒，
然後以柳丁汁收乾入味，拌入柳丁瓣、刨上柳丁皮屑，
搭配生菜葉或任何自己喜歡的綠色食蔬，
不但賣相極佳並且層次疊比著實好吃哪～
閃閃發亮的誘人色澤請趁熱享用但務必小心燙口喔～

材料

梅花豬肉（前段最優）…600g
柳丁…2 顆
青蔥…1 支
薑…3 片
生菜葉…適量
水…約 1 又 1/2 杯
熱炒油…1 又 1/2 大匙

調味料

醬油…4 大匙
米酒…2 大匙
冰糖…1 大匙

作法

1 梅花豬肉洗淨擦乾水分後切成適口大小，柳丁刨下約 1/2 顆的皮屑，然後 1 顆擠汁，另一顆去皮取出果肉，青蔥切段、生菜葉洗淨瀝乾水分備用。

2 以熱炒油熱鍋後入梅花豬肉，用半煎半炒的方式煎至上色焦香。

3 續入薑片跟蔥段拌炒。

4 把調味料倒進來拌炒後煮滾，轉中小火燒滾約 3 分鐘。

5 接著把水也倒進來轉中大火再次煮沸，然後轉中小火燉煮至湯汁幾乎收乾約需 20 分鐘。

6 把柳丁汁倒入煮至醬汁幾乎收乾轉濃稠，並且顏色發亮即可熄火。

7 拌入柳丁瓣，盛盤後撒上柳丁皮屑、襯上生菜葉趁熱享用。

★ ★ ★

蔥燒豬肋排

就算燙口仍不能阻止食客們搶食的好料。

我特別喜歡用椰子油來做燉煮類料理，成品完全感受不到椰子的蛛絲馬跡，
但口感卻更為豐富有層次，這道蔥燒豬肋排每每上桌；
家人就顧不得燙呼赤呼赤直往嘴裡送，這應該是對料理人最直接的讚美吧～
用筷子就能把骨肉分離，肋排仍保有咬勁並不軟爛沒個性，好吃好吃。

材料

豬肋排…3 支（約 900g）	醬油…5 大匙
青蔥…5 支	冰糖…1.5 大匙
椰子油…1 大匙	八角…2 顆
米酒…4 大匙	水…2 杯

作法

1 豬肋排分切成 5 公分大小（可請肉販代勞）洗淨並擦乾水分，青蔥對切成
  兩段。
2 以椰子油起油鍋，放入豬肋排煎至兩面焦香上色。
3 續入冰糖翻炒至融化，接著倒入醬油拌勻並煮至沸騰。
4 嗆入米酒再次煮滾，然後倒入水並投入青蔥、八角煮至沸騰。
5 蓋上鍋蓋轉小火燉煮 1 小時。
6 打開鍋蓋轉中大火燒至醬汁轉為濃稠發亮。
7 盛盤綴上青蔥絲趁熱食用。

糖醋排骨

便當裡不能缺席的主菜，有了它，飯一粒都不剩。

鹹鹹甜甜的中菜本來就討喜，
加上紅紅綠綠的配色更加令人垂涎三尺，
為了男孩們的便當菜，
媽媽可是絞盡腦汁只求日日新，
只願男孩天天吃好又吃飽，
媽媽的愛，無價～

材料

豬小排 …600g
紅甜椒…1/4 顆
黃甜椒…1/4 顆
青椒…1/4 顆
青蔥…1 支
蒜頭…2 瓣
太白粉…4 大匙
耐熱蔬菜油…1 杯

醃料

米酒…2 大匙
醬油…2 大匙
蛋白…1 顆

調味料

番茄醬…4 大匙
白醋…1.5 大匙
烏醋…1 大匙
糖…2 大匙
香油…1 小匙

作法

1 豬小排以醃料醃約 1 小時。

2 青蔥切段，蒜頭切片，豬小排切成適口大小，甜椒切片備用

3 豬小排拌入太白粉，起油鍋至中溫，轉中小火分批依序放入排骨炸熟撈起，轉大火將油溫提至高溫，再次把排骨倒入炸約 15 秒逼油，然後撈起瀝油。

4 原鍋下彩椒片過油後撈起。

5 鍋內留約 1 大匙油爆香蔥、蒜，倒入調味料煮滾，接著把彩椒、排骨倒入翻炒均勻，拌入香油即可起鍋。

SEAFOOD
海鮮

Part 2

食客矚目嚥口水
海味上桌鱻料理

三杯透抽

熱炒人氣菜，學會這道，三杯系列從此駕輕就熟。

三杯系列應該可以名列台式熱炒中的翹楚吧！
除了三杯雞外三杯透抽也深受我們喜愛，
只要醬汁比例抓對，
人人都能成為台菜高手哪！

材料

透抽（中型）⋯1 隻　　　　醬油⋯3 大匙
蒜頭⋯6 瓣　　　　　　　　冰糖⋯1 大匙
蔥⋯1 支　　　　　　　　　麻油⋯2 大匙
薑⋯1 塊（約拇指大小）　　沙拉油⋯1 大匙
辣椒⋯隨喜酌加　　　　　　米酒⋯1 大匙
九層塔⋯滿手 1 把

作法

1 透抽清除內臟後切成圈狀，蒜頭去皮，蔥切段，薑切薄片，辣椒斜切片備用。

2 炒鍋入沙拉油及 1 大匙麻油加熱，放進薑片及蒜頭小火煎至薑片邊緣捲曲、蒜頭呈金黃色。

3 轉中大火續入蔥段及辣椒翻炒，接著把透抽也放進來拌炒。

4 加入醬油、酒、冰糖拌炒至湯汁幾乎收乾。

5 投入九層塔拌勻。

6 熄火，淋上剩餘的 1 大匙麻油即可起鍋。

法式焗烤鮮蝦

無油煙烤箱撐全場法式料理，難度只有 2 顆星。

我們很愛吃焗烤田螺，是每回上西餐廳點菜的首選，
為此我還特別央請自家設計師設計打造出專屬的田螺烤盤，
真所謂公器私用啊，哈哈～
在物盡其用的原則下我也用它來焗烤鮮蝦，
只要先把香蒜奶油醬做好，其他就容易多了，
鮮脆甜的蝦子香口彈牙，芭娜娜不害臊保證上桌肯定驚豔全場。

香蒜奶油醬

材料（四人份）
有鹽奶油⋯300g
蒜頭⋯3～4 瓣
義大利香菜⋯1 把（約 15g）

作法

有鹽奶油置於室溫放軟，把蒜頭壓成泥，義大利香菜去莖取葉切碎，把上述材料放於容器中拌勻即完成香蒜奶油醬。

焗烤法式鮮蝦

材料
田螺烤盤⋯4 個
鮮蝦⋯24 隻（去頭去殼後約 450g）
帕瑪森 cheese（或任何你喜歡的 cheese）⋯適量
黑胡椒⋯適量

蝦醃料
鹽⋯1/4 小匙
白酒⋯1 大匙
白胡椒⋯適量

作法

1 鮮蝦去頭剝去蝦殼後開背去腸泥，用廚房紙巾擦乾水分並以醃料醃約 10 分鐘備用。
2 烤箱預熱至攝氏 200 度。
3 把鮮蝦仁捲曲置於烤盤上。
4 在每隻蝦上加一匙香蒜奶油醬，然後撒上適量黑椒椒，並撒上足量的 cheese。
5 放進烤箱烤約 10 分鐘至 cheese 及香蒜奶油醬融化並上色後從烤箱取出。
6 搭配巧巴達麵包趁熱享用。

TIPS

1 如沒有田螺烤盤可用一般烤盤替代，蝦子平鋪在烤盤上不要重疊，其餘作法皆同。
2 沒用完的香蒜奶油醬可用鋁箔包起來捲成糖果狀放進冰箱冷凍保存，需要的時候用刀子切下使用的份量即可。

泰味辣炒蛤蜊

吮指回味，暢飲啤酒良伴。

我喜歡用椰子油來拌炒泰式蛤蜊，
快炒五分鐘就是啤酒良伴，
香辣微酸又不搶蛤蜊鮮甜，
直接用手拿好快就見底，
嘖嘖（舔手指）～

材料

蛤蜊…1 斤
蒜頭…2 瓣
辣椒…隨喜
香茅…1 支
蔥…1 支

蠔油…1 大匙
米酒…1 大匙
椰子油…1.5 大匙
檸檬…適量

作法

1 蛤蜊泡水吐淨沙，蒜頭切碎，辣椒斜切片，青蔥切段，香茅輕拍後切段備用。
2 以椰子油熱鍋後放入蒜碎跟香茅炒香，接著加進蔥段和辣椒拌炒。
3 投入蛤蜊沿鍋邊嗆入米酒炒至殼微開。
4 倒入蠔油翻炒拌勻。
5 起鍋前擠入適量檸檬汁即可熄火盛盤。

義式風情燉煮海鮮

輕鬆騙取食客視覺及味蕾，速登義式料理達人寶座。

義式風情燉煮海鮮善用義式料理常見的素材，
在短時間內燉煮出無以倫比的鮮甜，
湯汁是精華用來蘸麵包或拌麵都足以讓你一不小心過量卻又無怨無悔，
非常非常好吃哪！一道足以騙取食客視覺及味蕾，
也能讓你立刻登上義式料理達人寶座的菜色，其實輕輕鬆鬆就能完成。

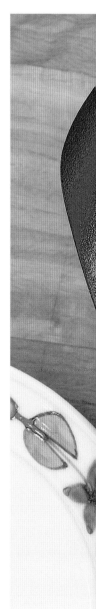

材料

透抽…1 隻（約 300g）
鮮蝦…8 隻
蛤蜊…300g
紅蔥頭…3 顆
蒜頭…2 顆
無籽黑橄欖…8 顆
酸豆…1 小匙
月桂葉…1 ～ 2 片
整粒番茄…1 罐（約 400g）
白酒…60ml
橄欖油…2 大匙
鹽…適量
黑胡椒…適量
洋香菜葉（或巴西利）…適量

作法

1 透抽清除內臟後切成圈狀，鮮蝦去腸泥，蛤蜊吐沙後備用。

2 紅蔥頭切絲，蒜頭輕拍不去皮，黑橄欖對切，酸豆稍微切碎，整粒番茄罐頭打開後稍微切小塊。

3 橄欖油熱鍋後入紅蔥頭及蒜頭炒香，續入黑橄欖及酸豆略炒。

4 嗆入白酒並把番茄倒入煮至沸騰。

5 放進月桂葉蓋上鍋蓋轉中小火燉煮約 5 分鐘。

6 打開鍋蓋放進所有海鮮，再次蓋上鍋蓋把所有海鮮煮熟（約 3 ～ 5 分鐘），中途可以打開鍋蓋翻拌一下。

7 試試味道以鹽跟黑胡椒做最後調整。

8 熄火盛盤撒上切碎的洋香菜葉就完成了。

蔭豉鮮蚵

拌飯的優質海味，蛋白質大補日。

男孩們年紀還小時我不曾在家做過鮮蚵料理，
原因自然是他們不敢吃，獨樂樂不如眾樂樂，
媽媽總是選擇犧牲自己所愛的那一味，
隨年紀增長他們對許多食材也漸漸開啟味蕾，
我這才得以在家中複製自己最愛拿來拌飯的台灣味兒。

材料

鮮蚵⋯600g
蒜苗⋯3 支
香菜⋯1 株
蒜頭⋯3 瓣
薑末⋯1 大匙
大辣椒⋯1 支
蔭豉（濕）⋯3 大匙
米酒⋯2 大匙
醬油膏⋯4 大匙
糖⋯2 小匙
太白粉⋯1 大匙
水⋯1/2 杯
麻油⋯適量

作法

1 煮沸 1 鍋水，放入鮮蚵待水微微沸騰即熄火，
  以濾網撈起瀝乾水分。

2 蒜苗切小段，蒜頭切片，香菜跟辣椒切碎備用。

3 起油鍋爆香蒜頭、蒜苗、薑末、辣椒等辛香料。

4 接著把蔭豉也放進來炒至香氣釋出。

5 從鍋邊嗆入米酒後倒入水煮至沸騰。

6 加入醬油膏與糖拌炒調味。

7 放進鮮蚵輕輕拌炒均勻然後以太白粉水勾芡。

8 起鍋前加入麻油提香，盛盤撒上香菜碎，食用
  前把香菜拌入增添風味。

鹽酥蝦

在家自製下酒菜，安心自在，喝到掛也不怕。

剛結婚的時候我跟另一半很喜歡到啤酒屋吃飯，
兩杯冰啤酒幾碟熱炒下酒菜是紓解壓力的最佳偏方，
鹽酥蝦是當時他最愛點的菜色之一，
也是後來之所以成為我的拿手菜的原因。

材料

鮮蝦…1 斤
蒜頭…6 瓣（切碎）
青蔥…2 支
辣椒…適量
鹽…1 大匙
白胡椒…適量
耐熱蔬菜油…約 1/2 杯

作法

1 鮮蝦剪鬚去腸泥，洗淨後擦乾水分。
2 熱油鍋中大火炸酥鮮蝦撈起備用。
3 原鍋留適量油爆香蒜頭青蔥辣椒後入鮮蝦拌炒。
4 投入鹽與白胡椒拌勻即可起鍋。

和風炸蝦天婦羅

炸得金黃酥脆入口最是過癮，天婦羅在家豪邁吃。

假日餐桌為增香添色偶有炸物應不為過（笑），
炸蝦天婦羅餐廳吃總是不過癮，
在家就能豪邁吃，
不油不膩外酥脆內鮮甜，
連蝦尾都被喀滋喀滋咬一咬吞下肚，
過癮哪～

材料

鮮蝦…12 隻
低筋麵粉…適量
炸油…1 杯

麵糊

低筋麵粉…80g
冰水…120ml
清酒…2 大匙
蛋黃…1 個

沾醬

日式醬油…適量
水…適量
蘿蔔泥…適量

作法

1 鮮蝦去頭去殼留蝦尾，清除腸泥後洗淨。

2 在蝦腹斜切兩三刀，大約至中間的深度就可以注意不要切斷，蝦腹朝下按壓蝦背斷筋，並把蝦身拉長，如此油炸時蝦身才不會蜷曲，擦乾水分備用。

3 蛋黃加冰水跟清酒調勻，倒入低筋麵粉輕拌至看不見白色粉末即可，不要過度攪拌。

4 起油鍋加溫至中溫（約攝氏 180 度），把筷子插入油中會有小氣泡往上升或是投入少許麵糊後沉到中間便開始浮上來。

5 蝦子先薄薄沾上一層麵粉然後再沾麵糊，抓住蝦尾垂直入油鍋，一隻一隻慢慢放進油鍋中不要一次全下。

6 炸至表面呈金黃色酥脆後即可起鍋，放在網架上稍微攤涼後盛盤。

7 混合所有沾醬材料調整至自己喜歡的風味。

蒜子燒黃魚

偶爾來道功夫菜,提升煮婦的小小虛榮心。

蒜子燒黃魚的醬汁會比一般紅燒魚稍微濃稠並帶點甜味,
豆腐同鍋煨煮吸飽湯汁成為最佳綠葉,
當然魚肉細緻、柔香是精華,
誰也搶不了它的丰采,
喔對了,蒜子燒得鬆軟可別浪費喔!

材料

黃魚…1 條(約 500g)
雞蛋豆腐…1 盒
蒜頭…12 顆
紹興酒…1 大匙
水…1 杯
醬油…3 大匙
糖…1/2 大匙
鹽…少許
烏醋…1/2 大匙
青蔥…1 支

作法

1 魚鱗刮乾淨並把魚腹內骨血刮除,洗淨後擦乾水分撒上一層薄薄的鹽略醃,蒜頭去皮、青蔥切絲泡水、豆腐切片備用。

2 起油鍋放進豆腐煎至兩面焦香上色後盛起,續入蒜頭煎至金黃香氣釋出後撈起。

3 原鍋加熱至高溫後入黃魚煎至兩面焦香上色。

4 把多餘的油倒出,放進蒜頭、嗆入紹興酒,接著依序加入醬油、糖、水煮至沸騰。

5 續入豆腐後蓋上鍋蓋轉中火燒煮 5 分鐘入味。

6 從鍋邊嗆入醋後立刻熄火,盛盤綴上蔥絲即完成。

料理難度指數：★★★½

蒜茸蒸鮮蝦

海鮮控料理靈感永不枯竭美味，家常、宴客皆宜。

海鮮占了家裡食材中極高的比重，說我們是海鮮控其實並不為過，
冷箱裡常凍著魚、蝦、透抽⋯⋯等常備食材，
芭娜娜私心又特別偏愛鮮蝦，
所以想方設法運用不同烹調方式讓它出現在餐桌不惹膩。
用油炒香的蔥蒜末豐富了層次卻無損鮮蝦清甜，
底襯豆腐吸飽湯汁滑溜入口暢快了脾胃，
家常也好，宴客亦不失禮的好菜色。

材料

鮮蝦⋯10 隻
芙蓉豆腐⋯1 包（兩小盒裝）
蒜頭⋯5 瓣
青蔥⋯2 支
日本鰹魚醬油⋯60ml
水⋯30ml
熱炒油⋯1 大匙

作法

1 蒜頭切碎，把蔥白切末，蔥綠一部分切末、一部分切絲， 並把醬油跟水調勻備用。
2 鮮蝦從中間縱切開背，去除腸泥後在蝦肉上劃兩、三刀以防蒸後捲曲，並撒上一層薄薄的鹽。
3 冷鍋冷油開始將蒜末炒至微黃，續入蔥末炒至香氣釋出取出備用。
4 芙蓉豆腐從中間橫片薄成兩片鋪在盤子裡。
5 把蝦子依序鋪在豆腐上。
6 用湯匙把蔥蒜末平均覆在蝦肉上。
7 淋上醬汁
8 放入蒸鍋以大火蒸 5 分鐘，熄火綴上蔥絲立即上桌。

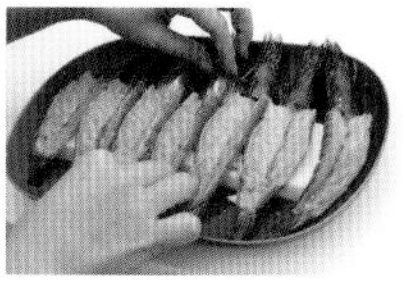

鳳梨蝦球

滋味完美不膩口，新調味鳳梨蝦球。

鳳梨蝦球是中式餐廳裡頗受歡迎的菜色，
可我家男孩們偏偏卻不愛，
問了原因才知他們不喜蝦仁包裹帶甜沙拉的膩口感，
所以我用日式沙拉醬的鹹味與可爾必思調和出平衡口感，
果然還是媽媽了解自己的孩子，
終於打破他們的刻板印象，讓口袋菜單又多一項。

材料

鮮蝦…600g（去頭去殼後約 300g）
太白粉…半杯
日式沙拉醬…4 大匙
可爾必思…1 大匙
鳳梨罐頭…1 罐
耐熱蔬菜油…1 杯

醃料

米酒…1 小匙
鹽…1/2 小匙
白胡椒…適量
蔥…1 支（切段）
嫩薑…3 片
蛋白…半個
玉米粉…1 小匙

作法

1 鮮蝦去頭去殼，開淺背後抽去沙腸，洗淨瀝乾水分以醃料醃約 10 分鐘。
2 鳳梨片以廚房紙巾吸乾湯汁並切片，蝦球均勻沾裹太白粉。
3 起油鍋至中溫後放入蝦球炸約 1～2 分鐘後撈起。
4 轉大火讓油提升至高溫再次倒入蝦仁炸約 5～6 秒後撈起。
5 原鍋不留油趁鍋子仍有熱度倒入美乃滋與可爾必思拌勻。
6 依序放入蝦球、鳳梨片拌勻即完成。

樹子蒸透抽

海鮮美味再升級，輕鬆體現大廚上菜的力道。

品質好的急凍透抽用樹子清蒸就甘潤又鮮甜，
最後熱油澆淋蔥薑絲有種大廚上菜的力道（笑），
同時也讓美味升級。

材料

透抽…1 尾
青蔥…1 支
薑…3 片
樹子…2 大匙
樹子醬汁…3 大匙
黑胡椒…適量
白胡椒…適量
耐熱蔬菜油…2 大匙

作法

1 透抽縱切後去皮、清除內臟，洗淨後攤開成
一片在透抽內部劃菱格刀紋後切片，頭也分
切成適當大小。

2 青蔥跟薑切細絲。

3 透抽淋上樹子醬汁與樹子入蒸鍋大火蒸 3 分
鐘。

4 從蒸鍋取出後把蔥絲、薑絲綴於其上並撒上
黑、白胡椒，蔬菜油燒熱後澆淋蔥薑絲。

5 整體翻拌均勻即可享用。

和風奶油醬燒帆立貝

小朋友無法拒絕下飯菜，飯碗快速清空。

帆立貝用奶油煎香就很好吃了，
但最近男孩們偏好帶有醬汁的菜色，
所以我用日式風味的奶油醬汁來燒煮，
香氣十足滑潤甘口，醬汁澆淋白飯保證能扒光一大碗。

材料

熟凍帆立貝⋯10 顆
洋蔥⋯1/2 顆
蒜頭⋯1 瓣磨成泥
醬油⋯2 大匙
白酒⋯60ml
糖⋯適量
奶油⋯60g
橄欖油⋯2 大匙
鹽⋯適量
黑胡椒⋯適量
中筋麵粉⋯適量
水⋯適量
洋香菜葉⋯適量

作法

1 帆立貝解凍後以鹽跟黑胡椒調味，薄拍一層麵粉備用。

2 以橄欖油起油鍋放進帆立貝大火煎至兩面上色後取出。

3 原鍋入一半奶油加熱後放進洋蔥碎炒至香氣釋出微微透明，續入蒜泥炒香。

4 嗆入白酒翻炒至酒精揮發僅留香氣。

5 倒入適量水煮至沸騰，加入醬油後轉中小火煨煮至洋蔥熟軟。

6 把帆立貝跟另一半奶油加入煨煮至吸收醬汁入味。

7 試試味道做最後調整，可酌加糖提鮮。

8 熄火盛盤撒上切碎的洋香菜葉就完成了。

鮮蝦粉絲煲

餐廳的高級菜色，手作幾個步驟就能上桌，美味又涮嘴。

芭娜娜跟領導人非常愛吃冬粉，可恨男孩們從不賞臉，
說是學校營養午餐的冬粉好難吃，
從此便自行宣告與之無緣再也不肯吃一口，
幾經溝通無效我也不再勉強，畢竟吃飯是件快樂的事，
我可不想壞了餐桌上的好氣氛。
極少做自己愛吃的菜，鮮蝦粉絲煲是嘴饞時才偶爾為之，
兩個冬粉煮一鍋就能讓夫妻倆稀哩呼嚕香香吃個飽，
醬汁比例很重要，是我反覆記錄調整後覺得很喜歡、很涮嘴的。

材料

鮮蝦…8 隻（約 300g）
冬粉…2 個
蒜頭…2 瓣
薑…3 片
青蔥…2 支
香菜…適量
水…360ML
白胡椒…適量
熱炒油…2 大匙

調味料（調勻備用）

米酒…2 大匙
蠔油…1.5 大匙
醬油…1.5 大匙
魚露…1/2 大匙
糖…1 小匙

作法

1 冬粉用水泡軟（至少需要 30 分鐘）後瀝乾水分，用剪刀從中間剪斷以免冬粉過長不方便食用。
2 鮮蝦剪掉觸鬚清除腸泥後洗淨並擦乾水分，蒜頭切片、青蔥切段備用。
3 以 1 大匙油起油鍋，用中大火快速將鮮蝦煎上色後取出。
4 原鍋續入 1 大匙油煎香蒜片、薑片後把蔥段也加入拌炒至香氣釋出。
5 把水跟調味料加入煮至沸騰，放進冬粉撒上適量白胡椒稍微攪拌一下。
6 把鮮蝦一一擺入鍋中蓋上鍋蓋，以小火燜煮 6 分鐘即完成。

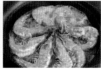

檸檬奶油烤魚

化繁為簡的創意，輕鬆烤條美味魚上桌。

想烤一條焦香的魚淋上檸檬奶油醬，
啊但又懶得分兩個步驟做哪～
於是乎動動腦筋就這麼一盤來搞定，
感覺化繁為簡好像已經成為我做菜的習慣了（笑）。

材料

鱸魚…1 條
蒜頭…2 瓣
檸檬…半顆
綠花椰…1 顆
奶油…1 塊（約 30g）
橄欖油…1 大匙
黑胡椒…適量
鹽…適量

作法

1 烤箱預熱至攝氏 200 度。
2 把魚鱗刮乾淨、魚腹中的骨血刮除掉，洗淨後擦乾魚身。
3 把橄欖油滿滿刷在魚身（兩面都要），並以鹽跟黑胡椒調味。
4 把檸檬跟蒜頭切片塞入魚腹中。
5 烤盤薄刷一層橄欖油（份量外），把魚放進烤盤送進烤箱烤約 20 分鐘。
6 烤的過程中把綠花椰分切小朵去硬梗洗淨後，煮滾一鍋加了鹽的水燙約 1 ～ 2 分鐘，撈起瀝乾水分備用。
7 烤箱鈴響後把花椰菜放進烤盤，連同魚全體再烤 5 分鐘。
8 關掉烤箱，把奶油丟進烤盤以餘溫讓奶油溶化。
9 烤盤從烤箱取出後用湯匙把奶油醬汁澆淋魚身跟花椰菜便可上桌了。

鹽漬櫻花蒸魚

微微酸隱隱的香，煮婦免沾惹油煙的鱻味料理。

鹽漬櫻花近幾年來有愈發風行之勢，
無論入菜、做甜點，
那粉色嬌嫩花形確實迷倒眾生，
春日裡我用來蒸魚，微酸及隱隱香氣，
入口後恰如春風拂面般清新宜人。

材料

赤鯮（紅條或任何喜歡的海魚）…1 條（500g）
昆布…1 段 5 公分（約 2g）
蛤蜊…300g
鹽漬櫻花…8 朵

清酒…2 大匙
鹽…少許
蔥綠…少許

作法

1 赤鯮把魚鱗刮乾淨腹內骨血也刮除乾淨，洗淨擦乾水分。
2 鹽漬櫻花泡水約半小時稍微除去鹹味，昆布用沾濕的廚房紙巾輕輕擦掉表面灰塵，蛤蜊吐沙、蔥綠切絲後泡冷水備用。
3 昆布鋪於蒸盤上，赤鯮兩面輕撒一層薄鹽略醃後擺在昆布上。
4 蛤蜊圍放在魚周邊，把一半的鹽漬櫻花放在魚身上。
5 淋上清酒放入蒸鍋蒸約 15 分鐘至全熟。
6 把魚從蒸鍋取出以剩下的鹽漬櫻花裝飾，撒上蔥綠即完成。

Tips
昆布表面白色霜狀是精華千萬別擦掉。

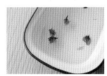

STARCH CUISINE

澱粉

Part 3

今天不戒醣開心吃
米麵澱粉料理

★ ★ ★ ★ ♪

家常紅燒牛肉麵

自己煮過才知並不難，私美味親自動手來調味。

辦公室附近牛肉麵店是工作時嘴饞的唯一選擇，但每回吃了總要哀嘆幾
聲，牛肉乾澀好卡牙，湯頭完全嚐不出香氣層次好像在喝醬油湯。煮婦
為此發奮回家閉門練功，找食譜、參考網站一試再試，慢慢調整辛香料
種類、增減調味料比例，終於做出自家風味的好吃牛肉麵。

材料

牛腱心（或牛肋條）…1000g
牛番茄…2 顆（切大塊）
洋蔥…1 顆（切大塊）
蔥…2 支（切段）
蒜頭…4 瓣（去皮）
老薑約…40g（用刀背輕拍後切片）
辣椒…1 支
辣豆瓣醬…2 大匙
米酒…60ml
醬油…120ml
冰糖…1 大匙
水…6 杯
黑胡椒粒…適量
熱炒油…3 大匙
月桂葉…2 片
八角…3 顆
紗布或滷包袋…1 個
喜歡的麵條…適量
青江菜或小白菜…適量（洗淨備用）

作法

1 牛腱心或牛肋條切大塊氽燙後洗淨備用。

2 鑄鐵鍋（或任何可炒可燉的鍋子）入 2
　大匙油加熱，放進蒜頭、薑片煎香，接
　著入青蔥拌炒，然後加入豆瓣醬炒香後
　熄火。

3 把作法 2 的材料撈起，連同辣椒（整
　支）、黑胡椒粒、月桂葉、八角放進滷
　包袋綁緊備用，這個步驟是防止燉煮後
　湯汁有細碎的渣渣，如果不在意也可省
　略。

4 原鍋再入 1 大匙油炒香洋蔥，然後把番
　茄也放進來炒至茄紅素釋放出來，續入
　牛肉拌炒。

5 倒進米酒並把鍋底精華刮起來，煮滾讓
　酒精揮發後續入醬油、冰糖、作法 3 的
　滷包燉煮約 10 分鐘。

6 把水加入煮沸後蓋上鍋蓋以小火燉煮 1.5
　小時，掀蓋試試味道，這是較厚重版本
　的牛肉湯，此時可以加入適量的水調成
　自己喜歡的鹹度。

7 燒滾一鍋水加入 1 撮鹽，放進麵條煮至
　自己喜歡的熟度後撈起，原鍋續入青菜
　煮至翻綠立刻撈起。

8 把麵條放進大碗淋入牛肉湯，排入牛肉
　跟青菜就完成了。

肉丸子紅醬番茄義大利麵

這等美味再也回不去了！紅醬義大利麵以後想吃都要自已煮。

肉丸子經過雙手使勁兒摔打搓揉而肉汁盈溢馨香滿口，我常笑說這是道適合跟老公吵架後的菜單（笑）。肉丸子用途很多可以多做些放冷凍庫保存，至於用豬或牛絞肉都可依個人喜好或習慣自行調整，使用番茄紅醬燉煮出的義大利麵好吃到令人咂舌呢！

肉丸子

牛絞肉…300g
豬五花絞肉…300g
麵包粉…約 40g
鮮奶油…約 40ml
蛋…1 顆
乾燥百里香…1/4 小匙
鹽…1 小匙
黑胡椒…適量
橄欖油…適量

1 把除了橄欖油外的所有材料放進大碗中,以手攪拌均勻。
2 在碗中用力摔拌肉餡直至產生自然黏性。
3 用 15ml 的量匙挖起肉餡放於掌心,左右手拋摔去除空氣後,搓揉成小圓球狀,直到所有餡料用完。
4 平底鍋加熱,倒進橄欖油,以中小火煎至肉丸上色定型後取出。

番茄紅醬與組合

番茄 Sauce…1 罐（約 450g）
整粒番茄…1 罐（約 450g）
聖女小番茄…300g
蒜頭…5 瓣（切碎）
洋蔥…半顆（切丁）
鹽…適量
黑胡椒…適量
紅酒…60ml
洋香菜葉…1 把
月桂葉…3 片
橄欖油…2 大匙
煮麵水…適量
帕瑪森 Cheese…隨喜酌加

1 平底鍋倒進橄欖油熱鍋後,入蒜碎煎至微黃,續入洋蔥碎拌炒至香氣釋出呈微微透明狀。
2 接著依序把小番茄、整粒番茄罐頭、番茄 sauce 倒入拌炒。
3 嗆入紅酒煮至沸騰。
4 續入月桂葉、洋香菜葉梗與肉丸子燉煮 10 分鐘。
5 加入煮好的義大利麵續煮 2 分鐘（此時可酌加煮麵水）,試試味道,以鹽、黑胡椒做最後調整。
6 盛盤,刨上帕瑪森 Cheese、撒上洋香菜葉即完成。

香腸馬鈴薯烘蛋

沒有人可以拒絕的美味，收服大小朋友的胃就這一道。

我家小弟對蛋的接受度很低，
只敢吃滷蛋、太陽蛋、蛋包飯…其餘種種一概敬謝不敏，
最近因為他的身高不甚理想，醫生建議要多多攝取各類蛋白質，
所以媽媽我就老招新用，在他討厭的元素裡加入他喜愛的因子，
這道烘蛋用了中式香腸頗有西菜中吃的氛圍，
帶便當也是非常合拍，當然如果用西式臘腸來做風味會更為地道。

蛋…6 顆　　　　　　　　　　鹽…1/2 小匙
中式香腸…2 條　　　　　　　Cheese 絲…適量
馬鈴薯（中）…1 顆　　　　　嫩葉生菜…適量
洋蔥（中）…1/2 顆

1 馬鈴薯削皮切塊煮熟、香腸切丁、洋蔥切碎備用。
2 平底鍋以橄欖油熱鍋，放入香腸煎香後取出。
3 原鍋酌加橄欖油續入馬鈴薯煎香上色並以適量鹽及黑胡椒（皆份量外）調味後盛起。
4 接著放進洋蔥炒至香氣釋出變軟。
5 把蛋打進深碗裡攪拌均勻，依序放進香腸、馬鈴薯、洋蔥碎、鹽及 Cheese 絲混合均勻。
6 烤箱預熱至攝氏 180 度。
7 直徑約 23 公分的平底鍋熱鍋後入蛋液轉最小火煎約 3 分鐘，熄火移進烤箱烤約 12～15 分鐘直到熟透呈現金黃色。
8 用矽膠鍋鏟鬆開烘蛋邊緣分切，襯上生菜葉即可上桌。

牧羊人派

生日、派對都能出場，菜名厲害、上桌吸睛的美味。

某日在翻看食譜找靈感時被小哥不經意看到的菜式，
他說肉醬跟馬鈴薯泥結合在一起肯定很美味，
如果再加上 Cheese 就更棒了，
然後媽媽我依據他的喜好完成這道非正統牧羊人派。
肉香拂拂、薯泥香氣融融的榮登當年小哥的生日菜色。

肉醬

材料

牛絞肉…半斤
洋蔥切細末…半顆
紅酒…100ml
漢斯番茄 sause… 1 罐（約 450g）
乾燥月桂葉…1 片
黑胡椒…適量
鹽…適量
糖…1 小匙
橄欖油…1 ～ 2 大匙

馬鈴薯泥

材料

中型馬鈴薯…3 顆約（800g，去皮切滾刀塊）
鮮奶…約 90ml
無鹽奶油…20g
鹽…適量
黑胡椒…適量

另準備

蛋黃…1 個
Cheese 絲…適量

作法

1 以橄欖油熱鍋後下牛絞肉炒至肉色變白，入洋蔥末續炒，此時可酌量再加入橄欖油。

2 洋蔥炒至變透明香味釋出後嗆入紅酒，續拌炒至沒有酒精味。

3 接著倒入番茄 sause 煮滾，放進月桂葉轉中小火熬煮約 10 ～ 15 分鐘（如太乾可酌加水）。

4 以鹽、黑胡椒跟糖調味後，把月桂葉取出即完成肉醬。

5 燒滾一鍋水，將馬鈴薯放進滾水中煮熟。

6 把馬鈴薯取出瀝乾水分壓成泥，趁熱依序加入切成小塊的奶油與鮮奶拌勻。

7 以黑胡椒及鹽調味即完成馬鈴薯泥。

8 在肉醬上撒上 Cheese，然後舖上馬鈴薯泥。

9 用叉子刮出喜歡的紋路、刷上蛋黃液，放進已預熱至攝氏 200 度的烤箱烤約 20 分鐘即完成。

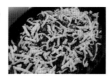

偽炸薯條

油炸時的油煙、剩油的困擾從此掰掰～

小弟說好久沒吃自家炸的好吃薯條，
其實是個很普通容易達成的小願望，
只是青春期少年最近臉上青春痘橫生，
所以餐桌上便也把炸物減至最少，
不過媽媽有法寶，偽【炸薯條】健康、少油，
酥、鬆、香、甜的滋味一點也不減。

材料

馬鈴薯…4 顆
橄欖油至少…2 大匙
鹽…適量
黑胡椒…適量

作法

1 烤箱預熱至攝氏 220 度，馬鈴薯削皮後切成約 1 公分寬的條狀，泡冷水去除澱粉質。

2 把馬鈴薯取出瀝乾水分。

3 用廚房紙巾吸乾水分，此步驟不能省略，因為吸乾水分才會烤出酥脆的表皮。

4 拌入橄欖油，所有薯條都要均勻沾裹上橄欖油。

5 烤盤架上烤網，把薯條平舖在烤網上，烤約 30 ～ 40 分鐘至表面酥脆，從烤箱取出以適量鹽及黑胡椒調味即可上桌。

Tips
1 馬鈴薯條頭尾尖角可先以菜刀切掉避免烤焦。
2 中途把烤盤轉個方向或適度翻面讓整體烘烤得更均勻。

  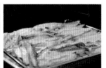

明太子焗烤馬鈴薯

自家深夜食堂的變化版下酒菜,啤酒一瓶不夠啊!

因為男孩們是馬鈴薯控,所以自家餐桌經常出現馬鈴薯料理,
但煮婦也是很有上進心的,屢屢研究希望能做出不同的變化,
這道有點日本居酒屋風情的菜色是我私心鍾愛的下酒菜,
希望也能成為你的。

材料

馬鈴薯(中型)⋯2 顆
明太子⋯半個
日式美乃滋⋯4 大匙
Cheese 絲⋯適量
洋香菜葉⋯適量

作法

1 馬鈴薯去皮切滾刀塊,放入滾水煮軟(約 8 ～
  10 分鐘)後撈起瀝乾水分備用。

2 把馬鈴薯塊平鋪於耐熱烤盤上不要重疊。

3 明太子與美乃滋拌勻平均塗抹在馬鈴薯上

4 撒上 Cheese 絲烤約 10 ～ 12 分鐘至 Cheese
  融化上色。

5 撒上切碎的洋香菜葉即完成。

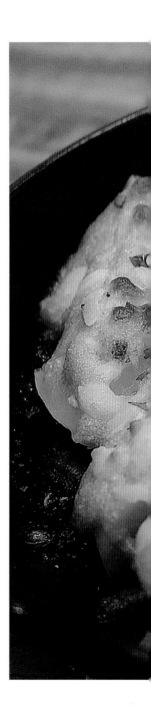

麻油雞炊飯

冷冷的冬最適合來一鍋，飯下肚手腳都暖起來了。

雖然立冬沒有幫男孩們進補，雖然男孩們說平常就吃很好了不用特別補，
但微雨乍寒的初冬時分媽媽還是想做點滋補的食物溫潤他們的胃，
用鑄鐵鍋來炊煮麻油雞飯，剛好也藉機實踐米飯控小哥的，
「每天一鍋不同風味飯料理」的有趣餐桌提案。

材料

白米⋯2 杯
去骨仿土雞腿⋯1 支
老薑⋯1 塊（約 2 隻手指寬）
醬油⋯3 大匙
米酒⋯半杯
水⋯1.2 杯
鹽⋯1/2 小匙（口味較淡者可酌減或省略）
黑麻油⋯2 大匙
耐熱蔬菜油⋯1 大匙

作法

1 白米快速掏洗乾淨，浸泡 10 分鐘後瀝乾水分備用。

2 去骨雞腿肉切成一口大小，老薑切薄片。（薑切薄一些可以減少煏薑片的時間）

3 鑄鐵鍋入 1 大匙黑麻油、1 大匙蔬菜油，冷鍋冷油入薑片以小火慢慢煏至薑片邊緣呈捲曲狀。（麻油燃點低所以混入蔬菜油可避免產生苦味，薑煏至呈捲取狀聽說比較不會躁熱上火）

4 續入雞肉半煎半炒至肉色翻白。

5 倒入醬油拌炒上色後加入米酒燒煮一下。

6 把米也倒進來翻炒，接著加水煮至沸騰並以鹽調味，蓋上鍋蓋轉最小火炊煮 12 分鐘。

7 熄火繼續燜約 10 分鐘。

8 打開鍋蓋淋上 1 大匙麻油提香。

9 翻拌一下散去蒸氣，也可以靜置幾分鐘整體口感會更乾爽 Q 潤。

Tips
如果沒有鑄鐵鍋，只要把拌炒過的材料倒進電子鍋內鍋，按下快速炊煮鍵烹煮即成。

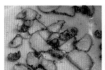

蒜香雞腿排青醬義大利麵

雞腿排香酥又 juicy，青醬香濃滑順麵 Q 彈，誰能拒絕？

白醬、紅醬、冷麵甚至單純拌炒，
只要是義大利麵我家男孩們統統照單全都收，
唯獨青醬卻被摒除於門外，最近到英國茶館用餐，
芭娜娜鼓勵他們嚐試一下青醬義大利麵，
沒想到就這麼峰迴路轉的讓他們也愛上，
那麼媽媽就來做這道皮香酥、雞肉 Q 彈又 juicy，
並且香氣四溢的青醬麵吧～

材料

去骨雞腿排⋯2 片
蒜頭⋯2 瓣
橄欖油⋯1 大匙
黑胡椒⋯適量
鹽⋯適量
義大利直麵⋯2 人份

青醬

九層塔⋯120g
現磨帕馬森 cheese⋯1 杯
蒜頭⋯4 瓣
橄欖油約⋯120ml
開水⋯60ml
松子⋯1 大匙
黑胡椒⋯適量
鹽⋯1/2 匙

作法

青醬

1 九層塔去梗洗淨瀝乾後略切，蒜頭切片、乾鍋把松子炒出香氣備用。

2 把一半的橄欖油跟所有青醬材料放進果汁機打勻。

3 另一半的橄欖油緩緩加入打至乳化。

4 試試味道用鹽跟黑胡椒調整一下就完成了。

蒜香雞排青醬義大利麵

1 雞腿排洗淨並擦乾水分，與切片的蒜頭、橄欖油、鹽跟黑胡椒混合後輕輕按摩入味。

2 煮滾一大鍋水加入適量的鹽，把義大利麵放入依包裝標示煮至彈牙（或自己喜歡）的熟度。

3 平底鍋（或鑄鐵烤盤）加熱，不需放油把雞腿排的皮朝下煎至酥脆，翻面續煎至全熟。

4 義大麵煮熟撈起後拌入適量青醬，用鹽跟黑胡椒調整味道，如太乾則加入適量煮麵水調整。

5 把麵與雞排依喜歡的方式盛盤，淋上些許初榨橄欖油、撒一點帕馬森 Cheese 再上桌，趁熱享用。

Tips

剩下的青醬裝入保鮮盒，記得表面淋上一層橄欖油避免與空氣接觸氧化變黑，約可保存 3 ～ 5 天。

無敵自家乾拌麵

醬料好就無敵，有層次的滋味都在這一碗。

假日中午或任何肚子餓卻不想太麻煩時，我會簡單拌一碗麵以飽口腹，
鹹、香、酸、辣滋味其實很豐富，讓人一口接一口完全停不下來，
男孩們要吃兩碗才過癮哪～

材料
鵝油香蔥…適量
日本 Yamaki 鰹魚醬油…1.5 ～ 2 大匙
醬油…1/2 大匙
玉兔牌上烏醋…1/2 大匙（嗜酸者可增量酌加）
石垣島辣油…1/2 大匙（嗜辣者可增量酌加）
市售細麵條…1 束

作法
1 把所有醬料放進深碗裡調勻。
2 煮沸一鍋水放進麵條煮熟。
3 撈起麵條放進碗裡與醬料整體拌勻就完成了。

牛肝菌菇培根奶油義大利麵

噴香馥郁，疊比豐厚的口感讓人大呼過癮。

牛肝菌菇滋味豐潤而特殊，因為擔心男孩們無法接受，
所以我嘗試用培根、Cheese 跟鮮奶油來平衡整體風味，
不想在料理過程中便已噴香馥郁，
疊比豐厚的口感著實讓人大呼過癮。

材料

義大利麵…3 人份
乾燥牛肝菌菇…40g
培根…4 片
蒜頭…3 瓣
鮮奶油…4 大匙
帕瑪森 Cheese…30g
黑胡椒…適量
鹽…適量
橄欖油…2 大匙
洋香菜葉…適量

作法

1 牛肝菌菇稍微洗過後放入水中（一杯水）浸泡約 30 分鐘，擠乾水分切成一口大小，保留浸泡的水。

2 蒜頭切片，培根切成適口大小，帕瑪森 Cheese 磨成粉，洋香菜葉切碎備用。

3 義大利麵依包裝上標示時間減 2 分鐘煮熟備用。

4 以 1 大匙橄欖油起油鍋，放進培根煎香逼出油來，接著放進蒜片炒香。

5 續入牛肝菌菇炒至香氣釋出，倒入浸泡牛肝菌菇的水並加進一半的洋香菜葉燉煮約 5 分鐘。

6 放進煮好的義大利麵拌炒 2 分鐘，續入帕瑪森 Cheese 拌勻，如太乾可加入適量煮麵水。

7 試試味道以鹽跟黑胡椒調味，最後倒入鮮奶油拌勻，熄火盛盤，撒上剩餘的洋香菜葉，趁熱享用。

薑黃雞肉炊飯

炎炎夏日，食欲不振時的開胃養身料理。

近幾年南洋風料理漸趨火紅，許多食材、香料很容易在超市購得，
加以男孩們對食物的接受度越來越高，所以家裡也偶有飄散南國風情的菜色。
薑黃是咖哩的主要成分，研究證實除了可以抗癌、預防失智與心血管疾病，
甚至可以用來治療恐懼，克服創傷後症候群，是一款熱門的保健食品。
這道薑黃雞肉炊飯我用椰子油來拌炒融合，香氣、色澤與滋味都屬上乘，
特別適合胃口不開的炎炎夏日。

材料

去骨仿土雞腿…1 支
米…2 杯
水…2 杯
雞湯塊…1 塊
洋蔥…1/2 個
薑黃…2 小匙
鹽…適量
香茅…1 支
檸檬葉…2 片
椰子油…1 大匙

雞肉醃料

魚露…1 大匙
砂糖…1/2 大匙
米酒…1 大匙
白胡椒…適量

作法

1 雞肉洗淨擦乾後切成適口大小，以醃料醃約 30 分鐘，米快速掏洗浸泡 10
　分鐘後瀝乾水分，洋蔥切丁、香茅以刀背輕拍切段備用。

2 椰子油熱鍋後放進雞肉煎至兩面焦香上色取出備用。

3 原鍋續入洋蔥拌炒至洋蔥香氣釋出微微焦糖化。

4 把米倒進來翻炒至每粒米均沾裹上椰子油。

5 入薑黃粉炒拌均勻。

6 注入水跟雞湯塊攪拌均勻並把鍋底的精華刮起煮至沸騰，試試味道如不夠
　鹹可酌加鹽調味。

7 把雞肉排入鍋中，放進香茅、檸檬葉，蓋上鍋蓋以最小火炊煮 12 分鐘，
　熄火後續燜 10 分鐘。

8 掀開鍋蓋把香茅跟檸檬葉取出，接著把飯翻鬆拌勻，附上檸檬角隨喜酌加。

SNACK FOOD
小食

Part 4
來點爽口開胃的
小食料理

冰鎮秋葵
佐柚子胡椒醬油

冰涼爽脆又討喜的開胃涼拌菜。

秋葵底襯冰塊維持低溫冷度是另一半的提議，
把醬料調好事先放進冰箱冷藏，
全程食用均維持冰涼脆口感，
果然成為餐桌上的夏日討喜涼菜。

材料

秋葵…300g
柚子胡椒醬…適量
日式醬油…適量
水…適量
冰塊…適量

作法

1 醬油中調入柚子胡椒醬拌勻後放進冰箱冷藏。
2 秋葵以鹽巴搓揉掉表面絨毛洗淨備用。
3 煮滾一鍋水，投入秋葵後待水再次滾起後汆燙
　 約2分鐘。
4 以網勺撈起後立刻泡入冰水中冷卻。
5 在略深的食器中鋪上冰塊，把冷卻的秋葵蒂頭
　 切掉瀝乾水分鋪陳其上。
6 沾取柚子胡椒醬油食用。

冷拌菠菜
（柴魚醬油 & 鮪魚柚子胡椒風味）

低卡無負擔，蛋白質、纖維一次補足。

菠菜除了清炒外其實用來冷拌也非常對味，
分享自家常用的兩款拌醬，
相信連不愛吃菠菜的小朋友都能欣然接受。

菠菜⋯300g

柴魚醬油

醬油膏⋯2 大匙
柴魚片⋯隨喜酌加

鮪魚柚子胡椒

鮪魚片罐頭約⋯90g
日式醬油⋯1 大匙
柚子胡椒醬⋯1/2 小匙

1 菠菜保留蒂頭洗淨備用。
2 平底鍋或中式炒鍋煮滾一鍋水投入菠菜汆燙約 1 ～ 2 分鐘。
3 迅速撈起後泡入冰水中。
4 冷卻後整把撈起用手扭轉擰乾水分，切掉蒂頭分切小段後移入冰箱冷藏。
5 淋上醬油膏撒上柴魚片拌勻即為柴魚醬油風味。
6 把鮪魚片、日式醬油、柚子胡椒醬拌勻後淋上，食用時拌勻即為鮪魚柚子胡椒風味。

青蔥烘蛋

最簡單的蛋料理，新手煮婦成就感救贖菜。

小哥愛吃蛋，這款蔥香酥嫩的烘蛋很得他歡心，
操作簡單所以他也常常自己動手做，
說是給自己加菜同時也抱怨媽媽偏心，
誰叫小弟恨蛋，因此家裡餐桌上確實極少出現蛋類料理哪～

材料

蛋…5 顆
白醬油…1 大匙
鹽…1/4 小匙
水…2 大匙
糖…1 小匙
青蔥…2 支
熱炒油…1 ～ 2 大匙

作法

1 把蛋打進深碗中攪拌均勻。

2 青蔥切成蔥花連同所有材料放進深碗中與蛋液拌勻。

3 起油鍋（約 20 公分的平底鍋），把作法 2 倒進鍋中以中小
火烘至蛋液半凝固，中途可以筷子稍微攪拌蛋液或蓋上鍋蓋
以利蛋液凝結。

4 以矽膠鍋鏟鬆開邊緣並翻面，續煎至熟透即完成。

炸牛蒡絲

大人的高纖下酒菜，小朋友的涮嘴零食。

舊居附近的海鮮熱炒餐廳有一道炸牛蒡絲非常好吃，
是我們每訪必點也是男孩們唯一敢吃的牛蒡料理，
以前覺得自己做實在太麻煩，想吃就走一遭餐廳便是。
有一回朋友送來的牛蒡放在冰箱大受冷落，
煮婦深怕浪費食材於是乎索性捲起袖子自己炸起牛蒡絲，
香香酥酥甜絲絲的果然讓男生們豎起大拇指說讚。

牛蒡⋯1/2 條
麵粉⋯適量
白醋⋯1 大匙
水⋯適量
糖粉⋯適量
耐熱蔬菜油⋯1 杯

1 牛蒡用削皮刀削入加了白醋的水中，浸泡
　10 分鐘以防氧化變黑。

2 把牛蒡絲從水中取出後瀝乾水分並均勻沾裹
　上麵粉。

3 起油鍋以中溫將牛蒡絲分批放入炸至金黃即
　可撈起。

4 略微攤涼後篩上糖粉即完成。

Tips ——————————————————————
牛蒡炸至金黃就要立刻取出，否則餘溫繼續熟成會
變黑並且帶苦韻。

和風酒凍海膽鮭魚卵盅

偶爾來道小奢華，宴客吸睛，自用開心。

有些小奢華的開胃菜宴客時很吸睛，
用漂亮的玻璃容器盛裝尤其令人驚豔，挖一大口送進嘴裡，
層層爆發出的美妙口感是私心鍾愛食材們的極致表現，
齒頰留香難以忘懷。

甜白酒⋯200ml
吉利丁片⋯6g
檸檬皮屑⋯適量
檸檬汁⋯1 大匙
海膽⋯8 片
鮭魚卵⋯2 大匙
櫻桃蘿蔔⋯1 顆
紫蘇葉⋯3 片
醬油⋯適量
芥末⋯適量

1 吉利丁用冰水泡軟備用。

2 白酒倒入鍋中加熱至沸騰後熄火拌入檸檬汁。

3 接著放入擰乾水分的吉利丁攪拌至溶化。

4 在模型內鋪上保鮮膜倒入作法 3，待冷卻後覆上包鮮膜放進冰箱冷藏定型（至少 4 小時）。

5 從冰箱取出倒扣後分切小塊即完成檸檬白酒凍。

6 櫻桃蘿蔔切薄片，紫蘇葉切絲備用。

7 玻璃容器中依序填入白酒凍、海膽、鮭魚卵，然後以紫蘇、櫻桃蘿蔔飾頂。

8 把醬油跟芥末調勻，適量澆淋其上即完成。

★ ★

梅子蜜漬櫻桃蘿蔔

口感酸甜充滿驚喜與刺激，超百搭的開胃小菜。

櫻桃蘿蔔小巧紅潤外型好可愛，
滋味呢就是淡雅一點的白蘿蔔味兒，
喜歡用它來做沙拉，
微微辛辣感讓味覺多了一點驚喜與刺激，
男孩們不愛生吃，
所以有時我會蜜漬起來當作小菜，
粉紅晶亮色澤與酸甜口感，好百搭。

材料

櫻桃蘿蔔…150g
鹽…1 小匙
蘋果醋…2 大匙
開水…2 大匙
砂糖…2 大匙
蜂蜜…1 大匙
無籽酸梅…2 顆

作法

1 櫻桃蘿蔔切薄片後以鹽抓醃靜置 30 分鐘。
2 以流動的水充分洗去鹽份並擰乾。
3 把蘋果醋、開水、砂糖、蜂蜜放進容器攪拌均勻。
4 放進櫻桃蘿蔔、酸梅拌勻後密封，冷藏半天入味即可
　食用。

Tips —————
醃漬時間越長顏色越紅艷討喜。

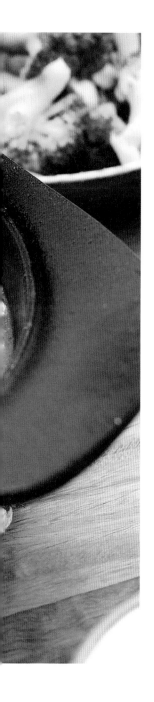

麻婆豆腐

小辣、中辣、大辣自己調整，最能被接受辣味料理。

餐桌除了隨四季而更迭，我更在意的是依循孩子們成長過程口味上的變化而調整，小哥從去年開始愛上吃辣，所以自家餐桌慢慢得以有「辣」的元素加進來，小弟雖然吃得呼哧呼哧但看起來也頗能接受，男孩們吃得開心領導人就算滿頭大汗也是全力配合，一向嗜辣的媽媽自覺出運了，腦海中許許多多有關辣的食譜一一浮現，多希望能在餐桌上陸續展演哪～

材料

板豆腐…1 塊（或嫩豆腐 1 盒，切小塊）
絞肉…150g
青蔥…1 支（切末並把蔥白跟蔥綠分開）
蒜頭…1 瓣（磨成泥）
薑泥…1 小匙
辣豆瓣醬…1.5 大匙
蠔油…1 大匙
米酒…1 大匙
花椒粉…適量
麻油…1 小匙
糖…適量
沙拉油…1 大匙
水約…450ml
太白粉…1 大匙

作法

1 以沙拉油起油鍋，放進絞肉以半煎半炒的方式將肉炒至微焦，再下蔥白、蒜、薑泥炒出香氣。

2 續入豆瓣醬跟蠔油拌炒，然後沿鍋邊嗆入米酒，注入水以中火煮至沸騰。

3 放進豆腐轉小火煨煮約 10 分鐘入味。

4 淋入麻油、撒上花椒粉跟糖輕拌均勻。

5 最後以太白粉水勾芡，撒上蔥綠即完成

溏心蛋

讓人垂涎欲滴的黏稠蛋黃，一不小心就嗑掉好幾顆。

溏心蛋很好料理也很方便運用，
用刀切開後的黏稠蛋黃常讓人垂涎欲滴，
無論飯、麵、沙拉甚至在便當盒裡綴上半顆，
往往能散發太陽般的能量與光感讓人心情大好、胃口大開。

材料

蛋⋯10 顆
水⋯360ml
醬油⋯120ml
味霖⋯120ml
米酒⋯30ml
八角⋯1 個
嫩薑片⋯3 片

作法

1 取一張廚房紙巾用水浸濕，攤開紙巾鋪在電鍋裡，把回溫的雞蛋排放在紙巾上按下電鍋開關蒸煮，開關跳起後立刻把雞蛋取出泡入冰水中降溫。

2 把醬汁的所有材料煮至沸騰後轉小火續煮 5 分鐘熄火放涼。

3 煮好的醬汁倒入深碗中並把剝好殼的蛋泡進醬汁，上覆一張烘焙紙密封好醃漬 1 天即可食用。

Tips ———————————————————
瓦斯爐火作法如下：
把回到室溫的雞蛋放進鍋子，加水蓋過雞蛋並加入 1 大匙鹽，以中大火煮至沸騰後轉中小火（水須維持小滾狀態）煮 4 分鐘，中途可以湯匙輕輕攪拌讓蛋黃維持在中心位置，時間一到立刻把雞蛋撈起泡入冰水中降溫。

蒜炒檸香蘑菇

蒜香、檸香、醬香、蘑菇香從齒間泊泊溢出，綠葉小菜輕鬆搶走主菜風采。

炒一盤蘑菇無論與中、西式菜色都合拍堪稱最美味配菜，
芭娜娜以前喜歡在最後加一小塊奶油增香，
但用椰子油拌炒除了迸發出類奶油的味道，更多了若有似無的椰子清香，
起鍋後刨上檸檬皮屑、隨性擠些檸檬汁就好吃到不要不要的，
蒜香、檸香、醬香、蘑菇香從齒間泊泊溢出，
綠葉一個不小心可就搶走了紅花的風采呢！

材料

蘑菇…2 盒（約 400g）
蒜頭…1 瓣（磨成泥）
椰子油…1.5 大匙
淡色或白醬油…1/2 大匙
鹽…適量
黑胡椒…適量
檸檬…半顆

作法

1 廚房紙巾沾濕後把蘑菇表面擦乾淨或快速洗淨瀝乾水分
  （千萬別浸泡）。
2 把蘑菇對切備用。
3 以椰子油熱鍋，入蘑菇慢炒至顏色轉黃褐並且水分收乾。
4 加入蒜泥炒開拌勻至香氣釋出。
5 續入醬油炒拌均勻。
6 試試味道，以鹽巴及黑胡椒做最後調整。
7 起鍋盛盤刨上檸檬皮屑。
8 附上檸檬隨喜好酌加增添風味。

SOUP
湯

Part 5

天涼就想熱熱來一碗
湯品料理

上海醃篤鮮

全身暖和心滿意足的鮮美滋味，作法簡單到超乎想像。

醃篤鮮的「醃」是指醃過的肉，正宗作法用的是鹹肉但後來多以金華火腿來取代，「鮮」顧名思義則是新鮮的肉，「篤」在上海話的意思是慢火燉，又因「醃」與「鮮」一起在砂鍋中燉煮的篤篤聲，所以取其音義稱之為「醃篤鮮」。這樣一鍋熬得濃濃白白的好湯，無論任何時候一碗下肚想必都能讓人全身暖和而心滿意足。

材料

五花肉…600g	青江菜…300g
豬軟骨…300g	薑…6 片
鹹豬肉（或金華火腿）…300g	紹興酒…60ml
冬筍（或綠竹筍）…3 支	鹽…適量
百葉結…150g	

作法

1 燉鍋內放入汆燙洗淨的五花肉、豬軟骨與鹹豬肉、薑片以及蓋過所有食材約燉鍋八分滿的水，以中大火煮滾後撈除浮末，蓋上鍋蓋轉小火慢燉 1 小時。

2 打開鍋蓋加入冬筍與紹興酒轉中火續燉 30 分鐘（此時可酌加水量）。

3 放進百葉結再燉 30 分鐘。

4 以鹽調味並投入青江菜燙熟就完成了。

  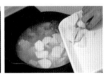 

★ ★ ★

西湖牛肉羹

滋味清淺卻有深韻的湯品，餐廳菜色煮婦也能變出來。

另一半上輩子莫非是廣東人來著，
超愛飲茶哪～幾碟小點一壺茶往往就能讓他眉開眼笑的，
喝茶嘛自然難得點湯，
唯一可能被欽點的只有滋味清淺卻有深韻的西湖牛肉羹，
餐廳菜色煮婦用點心也能做得來，
端上餐桌除了「新意」外也包含著許多「心意」呢～

材料

牛絞肉（有油花的較好）…150g
鮮香菇…5 朵
蛋白…3 個
四季豆…3 支
雞湯塊…1/2 塊
水…1200ml
玉米粉…3 ～ 4 大匙
鹽…適量
白胡椒…適量

牛肉醃料

醬油…1 大匙
米酒…1 大匙
白胡椒…適量
太白粉…1 大匙

作法

1 牛絞肉以醃料醃約 10 分鐘，香菇去硬梗後切丁備用。

2 煮沸一鍋水投入四季豆燙約 1 分鐘後撈起，放涼後切成丁。

3 原鍋續入牛絞肉煮至微微沸騰即熄火，待雜質浮上來後以濾網撈起瀝乾水分。

4 湯鍋入 1200ml 水並加入高湯塊煮至湯塊融化水沸騰，然後把香菇丁加入煮熟，並以鹽及白胡椒調味。

5 玉米粉加水調勻倒入湯鍋攪拌均勻勾芡成濃湯。

6 把牛絞肉加入煮滾並攪散，倒入蛋白後立即熄火並以湯匙不斷攪拌如此才能形成細緻如雲彩般的蛋花而不會結成一大塊。

7 把四季豆加入即完成，食用時可依喜好加入紅（烏）醋或香菜更增美味。

Tips
1 牛絞肉先汆燙可保湯頭清澈。
2 用玉米粉勾芡比較不會在冷卻後湯汁還原變稀。

西式玉米濃湯

自己煮的每一口都安心，再也不怕市售湯塊出包了。

男孩們喜歡喝西式玉米濃湯，
有一陣子市場上的濃湯塊處於嚴重缺貨狀態，
據說是產品出包成分有問題，
所以媽媽只好自力自強自己煮，
當然也是試做幾次後方才得此柔滑濃香的配方與作法哪～

材料

洋蔥…1/2 個
馬鈴薯…1 顆
甜玉米粒罐頭…2 罐（約 400g）
奶油…30g
水…適量
鮮奶…適量
鹽…適量

作法

1 洋蔥切碎、馬鈴薯切薄片、玉米粒罐頭瀝乾湯汁備用。

2 奶油潤鍋後入洋蔥、馬鈴薯、玉米粒炒香，注入約蓋住食材的水煮至沸騰，轉中小火續煮至食材熟軟。

3 稍微放涼後以果汁機打成泥，並以濾網濾過。

4 重新倒回鍋中加熱以鮮奶調整濃度，試試味道，用鹽調整至自己喜歡的味道。

Tips

可保留部分玉米粒在最後加入湯裡增加層次與口感。

法式鮮蝦濃湯

好味道、好視覺、好誘人，一下子就見底囉！

剝蝦仁捨不得丟的蝦頭常被我拿來熬煮海鮮高湯，
煮婦自己覺得很惜物哪～
花點時間換來好味道、好視覺、好誘人。

材料

蝦頭約…20 個	奶油…1 大匙
新鮮大蝦…8 隻	鹽…適量
洋蔥…1/2 個（切丁）	黑胡椒…適量
蒜頭…2 顆（切碎）	月桂葉…3 片
紅蘿蔔…1 段（約 40g 切丁）	百里香…3 支
番茄糊…2 大匙	水…1000cc
鮮奶油…適量	麵粉…1 大匙
白蘭地…2 大匙	洋香菜葉…適量（切碎）
橄欖油…2 大匙	

作法

1　鮮蝦保留頭尾剝去蝦殼，清除沙腸洗淨後擦乾水分，洋蔥切丁、蒜頭切碎、紅蘿蔔切丁、洋香菜葉切碎備用。

2　平底鍋入 1 大匙橄欖油熱鍋，加入蝦頭與蝦殼煎炒至轉紅並釋出香氣，嗆入白蘭地燒至酒精揮發後熄火備用。

3　另起一鍋入剩下的橄欖油與奶油炒香洋蔥與蒜碎，把紅蘿蔔丁也加進來炒香。

4　把作法 2 倒進來拌勻，加入水、番茄糊、月桂葉、百里香煮滾，轉中小火熬煮 20 分鐘。

5　作法 4 稍微放涼後撈除月桂葉、百里香，用果汁機打碎並用濾網過濾兩次。

6　把作法 5 倒進鍋裡再次加熱，可酌加水並加入適量鮮奶油。

7　取出少量湯汁與麵粉調勻後倒回鍋中攪拌均勻增加濃度。

8　試試味道以黑胡椒、鹽調味，即完成濃湯。

9　大蝦以鹽、黑胡椒調味煎熟後排入湯碗中，注入濃湯撒上洋香菜葉就完成了。

tips
作法 6 可酌量增減麵粉量至自己喜歡的濃度喔～

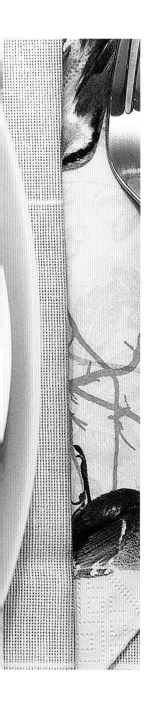

青蒜苗白花椰濃湯

青蒜苗跟白花椰竟然撞擊出這麼合拍的好滋味。

自己做的蔬菜濃湯很純粹香滑，
青蒜苗跟白花椰是好朋友，
你儂我儂的在鍋裡翻滾出好滋味。

材料

青蒜苗…1 支　　　　　黑胡椒…少許
白花椰…1 顆　　　　　橄欖油…2 大匙
雞高湯（或水）…適量　初榨橄欖油…適量
鮮奶…適量　　　　　　洋香菜葉…適量
鹽…適量

作法

1 青蒜苗切段、白花椰分切小朵後削掉梗上較粗的纖維、洋
　香菜葉切碎備用。

2 橄欖油潤鍋後炒香青蒜苗、花椰菜，接著倒入高湯（約蓋
　過食材）熬煮 30 分鐘。

3 熄火後取出少部分花椰菜留做盛盤裝飾用，稍微放涼用果
　汁機打成泥後重新倒回鍋中加熱。

4 以鮮奶調整濃度並以鹽跟黑胡椒調味。

5 盛盤後用小朵花椰菜裝飾，撒上義大利香菜末，淋上少許
　特級初榨橄欖油，原汁原味香濃上桌。

泰式酸辣海鮮湯

酸酸辣辣好開胃的湯品上桌。

盛夏的炎熱總讓人想吃點酸酸辣辣的料理，
鮮、香、酸、辣，
滋味十足的泰式酸辣海鮮湯在夏日裡好開胃，
泰式料理簡單吃，在家就能辦得到。

材料

蛤蜊…半斤
透抽（小）…1 條
（洗淨切花）
鮮蝦…半斤
（去頭剝殼留蝦尾）
小番茄…約 16 顆
草菇…約 8 個

湯料

香菜梗…1 束
紅蔥頭…4 顆（切片）
檸檬香茅…3 支
（以刀背拍過後切段）
南薑…1 段
（約拇指大小）
檸檬葉…6 片
辣椒…1 根（拍碎）
水…約 1200ml

調味料

魚露…3 大匙
檸檬…1 顆
椰漿…1.5 大匙
泰式辣椒醬…2 大匙
（嗜辣者可酌加朝天椒）
砂糖…1 大匙

作法

1 燉鍋注入清水煮滾後加入蝦頭煮約 5 分鐘讓味道釋出，用濾網撈除蝦頭浮沫丟棄不用。

2 加入湯料繼續煮 5 分鐘。

3 放進調味料（除檸檬外）、辣椒、小番茄及草菇煮至番茄皮微裂。

4 接著加入蛤蜊、鮮蝦、透抽煮至海鮮熟透，熄火後擠入檸檬汁，以香菜葉飾頂即完成。

DESSERT
甜點

Part 6

卡路里暫時拋一邊
甜點食光

威士忌香蕉磅蛋糕

增添鬆軟口感與濕度，芭娜娜味自慢甜點一定要優先試作。

芭娜娜唯一不需看食譜、信手便能捻來的甜點便屬磅蛋糕，記性不好的我用傳統 1：1：1 的比例拿捏麵粉、糖、奶油的份量，總是無法把奶油跟糖完美打發，所以我用打發蛋白的方式來取代，隨著自己的性子跟手路做出來的蛋糕好吃極了（家人跟朋友說的 ^^），芭娜娜的味自慢甜點。

材料

21*77*62mm
長方形烤模⋯1 個
中筋麵粉⋯130g
糖⋯130g
無鹽奶油⋯130g
泡打粉⋯1 小匙
全蛋⋯2 顆
鮮奶⋯15ml
鹽⋯1 小撮
熟透的香蕉⋯1 根
威士忌⋯1 大匙

作法

1 香蕉去皮用叉子壓成泥與威士忌混合浸漬入味。

2 烤模塗上一層奶油薄拍上麵粉，烤箱預熱至攝氏 180 度。

3 中筋麵粉與泡打粉混合過篩後加入鹽備用。

4 用打蛋器把蛋黃與一半的糖攪拌至質地如鮮奶油，並加入牛奶拌勻。

5 蛋白與另一半的糖用電動攪拌器打至硬性發泡。

6 把融化奶油加入作法 4 蛋黃液中攪拌均勻，續入香蕉泥輕拌。

7 倒入作法 3 的粉類攪拌至看不到白色粉類。

8 倒入蛋白霜輕柔拌勻。

9 把麵糊倒入烤模送進烤箱，烤 15 分鐘後用小刀在中間垂直畫一刀。

10 續烤 20 分鐘至用竹籤插入蛋糕體最厚處不會沾黏麵糊。

11 從烤箱取出稍微放涼後倒出烤模置於網架上攤涼。

蜂蜜檸檬瑪德蓮

媽媽牌法式甜點，小朋友吃過就回不去了。

芭娜娜跟領導人其實都不愛甜食，會開始做烘焙完全是因為男孩們，常常我們外出用餐，四人份的餐後甜點可以完全由這兩兄弟一手包辦，叫我不禁懷疑他們是螞蟻轉世哪（搖頭）～

日前小哥問：「麻，你知道有一種甜點有檸檬的味道，小小一個長得像貝殼？」我回：「知道啊，那叫瑪德蓮」，「我很喜歡吃耶，你怎麼都不做？」，是喔，我還真不知道他在哪吃過呢？不過既然男孩要求了，那我就來試試囉！我想只要孩子們還願意吃媽媽做的料理，我應該會一直一直煮下去吧（笑）

料理（約可做 30 個）

無鹽奶油…200g
低筋麵粉…180g
泡打粉…2 小匙
砂糖…160g
鹽…1 小撮
檸檬汁…1 大匙
檸檬皮屑…2 顆
全蛋…4 顆
蜂蜜…50g

作法

1 無鹽奶油融化後放涼備用。

2 麵粉與泡打粉混合後過篩備用。

3 檸檬刨下皮屑（不要刨到白色部分會帶苦味），與糖混合並以手指輕輕搓揉，讓檸檬皮的香氣與油脂釋放到糖中。

4 雞蛋用打蛋器攪打至均勻泛白，然後加入檸檬糖、檸檬汁、蜂蜜與鹽攪拌均勻。

5 把作法 2 的乾粉加入攪拌至看不到白色粉末。

6 把融化的奶油倒入拌勻。

7 麵糊倒進乾淨的塑膠袋，把空氣擠出袋口綁緊，放進冰箱熟成至少 8 小時，如能熟成 24 小時最佳。

8 從冰箱拿出麵糊袋回溫，烤箱預熱至攝氏 190 度，烤膜塗上一層薄薄的奶油以防沾黏。

9 麵糊袋尖端剪一個洞，把麵糊擠入烤膜約 8 分滿。

10 烤膜送進烤箱烤約 10 ～ 12 分鐘。

11 從烤箱取出靜置 5 分鐘，趁熱倒扣在烤網上脫膜放涼就完成了。

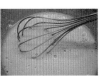

輕乳酪蛋糕

鬆軟綿密入口即化，一不小心就吃掉半個！

8 吋烤模 1 個

蛋白霜

蛋白…5 個
糖…120g
檸檬汁…1 大匙

起士蛋黃糊

牛奶…170g
奶油起士…200g
無鹽奶油…60g
玉米粉…30g
低筋麵粉…40g
蛋黃…5 個

作法

1 烤箱預熱至攝氏 170 度,烤模刷上奶油並在底部鋪上烘焙紙。

2 奶油乳酪、無鹽奶油與牛奶隔水加熱攪拌至融化後離火。

3 一次一顆分次加入蛋黃攪拌均勻。

4 加入已過篩的粉類攪拌均勻,並把蛋黃糊過篩備用。

5 把蛋白放進不鏽鋼盆,高速打出粗泡。

6 續入 1/2 糖與檸檬汁繼續攪打至有明顯紋路。

7 把剩餘 1/2 糖加入繼續打到濕性發泡彎鉤柔軟不滴落。

8 取 1/3 蛋白霜到蛋黃糊中輕輕由下往上拌勻。

9 再將麵糊全部倒入蛋白霜盆中,動作大但力道輕的由下往上拌勻。

10 把拌勻的麵糊倒入烤模,重重敲幾下。

11 將烤模放進烤盤並在烤盤裡加入冷水烤 10 分鐘。

12 把烤溫降至攝氏 110 度續烤 60 分鐘,燜五分鐘後出爐。

13 烤模呈 90 度放在桌面上輕敲,將蛋糕輕輕反倒在盤子上,撕下烘焙紙後以另一個盤子接住翻正,放涼後冷藏 4 小時以上即可享用。

TIPS

脫模動作需快速,否則蛋糕表皮會沾黏在盤子上,常常練習就能抓住訣竅。

橙香巧克力布朗尼

香濃醇厚帶著果香，搭配咖啡和威士忌是絕配。

前幾天小哥跟我說：「麻～我現在變得不愛吃零食了，連洋芋片對我來說都沒有吸引力」，嗯～很好啊！「不過巧克力還是很愛，好像戒不掉，我實在太喜歡巧克力了」，嗯哼～那麼媽媽我就來做個超濃巧克力布朗尼慶祝你戒掉零食吧（笑）～

材料

蛋…2 顆
糖…120g
70% 苦甜巧克力…180g
無鹽奶油…130g
低筋麵粉…75g
可可粉…15g
鹽…1 小撮
柳橙皮屑…1 顆
君度橙酒…2 大匙

作法

1　把烤模鋪上烘焙紙，烤箱預熱至攝氏 170 度。
2　這裡用的是 18*18*5cm 的方型烤模，烤模大小也會影響烘烤時間，請自行斟酌。
3　把奶油切小塊並與巧克力放進耐熱容器中，以隔水加熱的方式融化備用。
4　麵粉跟可可粉混合後過篩，拌入柳橙皮屑、鹽成為乾性材料。
5　混合蛋與糖，用打蛋器打到看不到糖的顆粒並且顏色泛白，然後把橙酒也加入拌勻。
6　把融化的巧克力加入攪拌均勻成為濕性材料。
7　把乾性材料分兩次加入濕性材料，用刮刀以切拌的方式混合均勻，不要攪拌過度以免出筋。
8　把麵糊倒入烤模，並把表面稍微抹平整。
9　放進預熱完成的烤箱烤約 18 ～ 20 分鐘。
10　以竹籤插入中心僅少許麵糊沾黏就可從烤箱取出。
11　放涼後篩上糖粉切成喜歡的大小。

 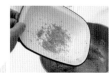 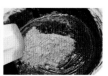 

bon matin 116

煮婦心機

速簡快，廚房菜鳥偽裝大廚的 72 捷徑

作　　者	芭娜娜（菲莫琳Family cuisine）
社　　長	張瑩瑩
總 編 輯	蔡麗真
美術編輯	林佩樺
封面設計	倪旻鋒

責任編輯	莊麗娜
行銷企畫	林麗紅
出　　版	野人文化股份有限公司
發　　行	遠足文化事業股份有限公司

地址：231新北市新店區民權路108-2號9樓
電話：（02）2218-1417
傳真：（02）86671065
電子信箱：service@bookrep.com.tw
網址：www.bookrep.com.tw
郵撥帳號：19504465遠足文化事業股份有限公司
客服專線：0800-221-029

讀書共和國出版集團

社　　長	郭重興
發行人兼 出版總監	曾大福
印務經理	黃禮賢
印　　務	李孟儒
法律顧問	華洋法律事務所　蘇文生律師
印　　製	凱林彩印股份有限公司
初　　版	2018年12月

國家圖書館出版品預行編目(CIP)資料

煮婦心機 / 芭娜娜（菲莫琳Family cuisine）著. -- 初版. -- 新北市：野人文化出版：遠足文化發行, 2018.12　面；　公分. --（bon matin ; 116）
ISBN 978-986-384-326-9（平裝）　1.烹飪 2.食譜

427.8　　　　　　　　　　　　　　　　　　　　　　　　　　　　　107018280

野人文化
讀者回函卡

感謝您購買《煮婦心機：速簡快，廚房菜鳥偽裝大廚的72捷徑》

姓　名 _____　□女 □男　年齡 _____

地　址 _____

電　話 _____　手機 _____

Email _____

學　歷 □國中(含以下) □高中職　□大專　□研究所以上
職　業 □生產/製造 □金融/商業 □傳播/廣告 □軍警/公務員
　　　 □教育/文化 □旅遊/運輸 □醫療/保健 □仲介/服務
　　　 □學生 □自由/家管 □其他

◆你從何處知道此書？
　□書店 □書訊 □書評 □報紙 □廣播 □電視 □網路
　□廣告DM □親友介紹 □其他

◆您在哪裡買到本書？
　□誠品書店 □誠品網路書店 □金石堂書店 □金石堂網路書店
　□博客來網路書店 □其他_____

◆你的閱讀習慣：
　□親子教養 □文學 □翻譯小說 □日文小說 □華文小說 □藝術設計
　□人文社科 □自然科學 □商業理財 □宗教哲學 □心理勵志
　□休閒生活（旅遊、瘦身、美容、園藝等） □手工藝／DIY □飲食／食譜
　□健康養生 □兩性 □圖文書／漫畫 □其他

◆你對本書的評價：（請填代號，1. 非常滿意　2. 滿意　3. 尚可　4. 待改進）
　書名_____封面設計_____版面編排_____印刷_____內容_____
　整體評價_____

◆希望我們為您增加什麼樣的內容：
_____
_____

◆你對本書的建議：
_____
_____

23141
新北市新店區民權路108-2號9樓
野人文化股份有限公司 收

野人

請沿線撕下對折寄回

野人

書名：煮婦心機

書號：bon matin 116